Classical Cases of National (Culture) Parks

国家（文化）公园管理
经典案例研究

邹统钎　主编

U0241871

TEP 旅游教育出版社

·北京·

本书得到以下项目资助支持：

北京社科基金研究基地重点项目《全国文化中心建设的文化与旅游融合机制研究》（18JDGLA014）（2018—2020）资助

国家社科基金艺术学重大项目（20ZD02）：国家文化公园政策的国际比较研究（2020—2023）

‖ 目 录 ‖

第一篇　智利拉帕努伊国家公园

一、"世界之脐"拉帕努伊 ················· 002

二、发展历史 ······················ 004

三、公园管理模式 ··················· 007

四、财政模式 ······················ 012

五、旅游开发利用 ··················· 014

六、可持续发展问题的探索 ············· 016

七、为了保护而存在的拉帕努伊国家公园 ······ 019

参考文献 ························· 020

第二篇　土耳其格雷梅国家公园

一、土耳其与土耳其格雷梅国家公园的整体介绍 ···· 022

二、土耳其格雷梅国家公园发展历史 ········· 024

三、土耳其格雷梅国家公园管理模式——中央政府与共治共管
相结合的模式 ···················· 027

四、充分发挥土耳其旅游业优势 ··········· 029

五、旅游资源的开发 ················· 031

六、环境可持续发展问题 ··············· 033

七、对我国的启示与借鉴 …………………………………… 035

八、总结 …………………………………………………………… 036

第三篇　意大利五渔村国家公园

一、"世外桃源"五渔村 …………………………………………… 038

二、发展历史 …………………………………………………… 041

三、遗产保护管理模式 ………………………………………… 044

四、财政模式 …………………………………………………… 046

五、旅游开发利用 ……………………………………………… 046

六、社会责任 …………………………………………………… 051

七、安全与可持续发展 ………………………………………… 052

八、总结 …………………………………………………………… 054

第四篇　德国巴伐利亚森林国家公园

一、巴伐利亚森林国家公园概况简介 ………………………… 056

二、巴伐利亚森林国家公园历史沿革 ………………………… 057

三、巴伐利亚森林国家公园的管理模式 ……………………… 061

四、巴伐利亚森林国家公园的开发利用 ……………………… 063

五、小结 …………………………………………………………… 071

参考文献 …………………………………………………………… 072

第五篇　泰国暹罗古城公园

一、泰国曼谷概况 ……………………………………………… 074

二、暹罗古城公园概况 ………………………………………… 076

三、泰国公园管理体制 ………………………………………… 083

四、泰国旅游管理 ……………………………………………… 086

五、对我国的启示和借鉴 ……………………………………… 088

六、总结 …………………………………………………………… 092

第六篇　韩国庆州国立公园

一、韩国国立公园发展总体状况 ·············· 094

二、庆州国立公园概况 ·············· 095

三、发展历史 ·············· 097

四、遴选机制 ·············· 099

五、遗产保护管理模式 ·············· 101

六、财政模式 ·············· 105

七、旅游开发利用 ·············· 106

八、社会责任 ·············· 107

九、安全管理与公园可持续发展研究 ·············· 109

十、总结 ·············· 111

第七篇　日本奈良文化公园

一、公园概况 ·············· 114

二、公园发展历史 ·············· 118

三、遗产保护管理模式 ·············· 127

四、财政模式 ·············· 130

五、旅游开发利用 ·············· 134

六、社会责任 ·············· 141

七、安全与可持续发展 ·············· 144

八、总结 ·············· 146

第八篇　澳大利亚乌鲁汝－卡塔曲塔国家公园

一、乌鲁汝－卡塔曲塔概况 ·············· 150

二、发展历史 ·············· 151

三、公园的管理模式 ·············· 155

四、文化的管理 ·············· 158

五、社区管理 ·············· 160

六、旅游开发 ·· 162

七、气候变化战略 ······································ 166

八、企业管理 ·· 168

九、小结 ·· 171

第九篇　南非克鲁格国家公园

一、公园概况 ·· 174

二、发展历史 ·· 176

三、公园保护管理模式 ································ 177

四、旅游开发利用 ······································ 182

五、社会责任 ·· 184

六、持续发展 ·· 187

七、总结 ·· 190

参考文献 ·· 190

第十篇　印度尼西亚婆罗浮屠公园

一、世界上最大的佛教塔庙 ························· 194

二、跨过历史长河的艰难险阻 ····················· 196

三、从单一的政府管理到越来越多的民众参与 ··· 199

四、多方的支持与重获新生 ························· 202

五、婆罗浮屠多姿多彩的体验 ····················· 203

六、文化传承与社区发展 ···························· 204

七、在可持续发展的道路上稳步前进 ············· 206

八、总结 ·· 207

后　记 ·· 209

第一篇

智利拉帕努伊国家公园

一、"世界之脐"拉帕努伊

1.1 与世隔绝的拉帕努伊

拉帕努伊（Rapa Nui National Park）国家公园，又称复活节岛国家公园，坐落在南太平洋的复活节岛上，地属智利，因高大的石雕人像而闻名世界。复活节岛是一座火山岛，是由海底的三座火山大约在一百万年前喷发形成，呈等腰三角形，也因此被形容为"拿破仑的军帽"。复活节岛位于太平洋波利尼西亚群岛的最东端，面积约 119 平方千米，向东距离智利大陆本土约 3600 千米，在波利尼西亚的最东端，因远离大陆而遥远神秘。

当地人习惯称呼复活节岛为拉帕努伊，意为"巨大的土地"，充满着土著居民对故土深深的信仰与眷恋。在这里居住的人们也曾称之为"世界之脐"（Tepito Ote Henua），认为这里是世界的中心。复活节岛几乎与世隔绝，是地球上可知有人居住的岛屿中最偏远的，同样隔绝的还有它的文化和风俗。据历史学家研究，复活节岛的第一批居民是 6 世纪时从太平洋中南部的马克萨斯群岛（Marquesas Islands）迁徙而来，至此，这批移民在这个与世隔绝的小岛上开始了近千年的部落繁衍与文明演变。

1.2 复活节岛因殖民者成为"悲惨又奇怪的土地"

早在 1686 年，英国航海家爱德华·戴维斯就发现了这个神秘的小岛，他把这个岛称为"悲惨又奇怪的土地"。然而直到 1722 年，复活节岛才真正地广为人知。据记载，荷兰海军上将雅各布·罗格文（Jakob Roggeveen）在太平洋航行时意外发现一座小岛，因为这天是复活节的第一天，所以把它命名为复活节岛（Paaseiland），意为"主复活的土地"。雅各布·罗格文将拉帕努伊岛描述为"美丽女人及男人的微妙文化"，可见当时的岛民和文化正处于繁荣时期。① 但在此后，复活节岛却开始了近 200 年的动荡岁月。

19 世纪开始，复活节岛被西方殖民者打破了平静。复活节岛落后于近代社会文明的石器时代被迫终结，拉帕努伊人被当作奴隶贩卖。殖民过后天花席卷了复活节岛，战争和疾病使得岛上居民仅剩百余人，岛上一片荒凉凄楚。除了人口的损失，文化的损失也令人惋惜。文化灾难始于法国传教士踏上复活节岛，他们把灾难中的拉帕努伊人改造成了基督徒，并且下令烧毁所有刻有朗格朗格（rongorongo）的木板。朗格朗格是一种刻在木板上的象形文字，意为"会说话的木头"，记载着拉帕努伊人祭祀颂歌和创生故事。复活节岛是迄今唯一一个发现有古代文字的波利尼西亚岛屿，现仅幸存 25 块由拉帕努伊人偷藏下来的朗格朗格板，它们是探索拉帕努伊文化的重要线索。

1.3　拉帕努伊国家公园成为世界文化遗产

复活节岛历经劫难，但却依旧拥有极大的考古价值，岛上神秘的石雕人像、奇特的古代象形文字以及悠久的拉帕努伊文化都需要保护和传承。1995年联合国教科文组织将拉帕努伊国家公园评定为世界级文化遗产，列入《世界遗产名录》。复活节岛也被称为是世界七大奇迹之一。

复活节岛上遍布近千尊被称为"摩艾"（Moais）的巨大石雕人像，是拉帕努伊人大约在 9 世至 17 世纪为纪念祖先而创造的。石像姿态各异，其中几十尊临海矗立、凝望大海，表情严肃得地像在为久经劫难的拉帕努伊后人默默祷告，守护这个被拉帕努伊人称作"世界之脐"的小岛。半身石像身形高大，一般高约 5~10 米、重达几十吨，最高的一尊有 22 米、重 300 多吨。摩艾石像的头部造型十分生动，基本都拥有高鼻梁、深眼窝、长耳朵和翘嘴巴的"精致"五官，他们的双手一般放在肚子上，昂首挺立。②

复活节岛拥有独特的拉帕努伊文化，音乐和舞蹈洋溢着原始的野性魅力。每年 2 月举办的 Tapati Rapa Nui 音乐节是岛上最盛大的节日之一，充满了波利尼西亚文化的风情和特色。音乐节期间岛民用天然色素和黏土彩绘艺术装

---

① 复活节岛——"世界的中心". [EB/OL]. http://lvyou168.cn/travel/chile/isla_de_pascua. html, 2019-12-8.

② Easter Island (Rapa Nui) —Moai Conservation Project. [EB/OL]. https://www.wmf.org, 2019-12-8.

扮身体，进行歌舞演出与传统竞技比赛，展现了拉帕努伊文化的独特审美与表达艺术。此外，岛民能歌善舞，每逢节假日，男人会裸露上身，女人则穿着羽裙，一起佩戴花饰跳起优美的"羽裙舞"，成为复活节岛靓丽的文化景色。

复活节岛上的自然风光美不胜收，充满太平洋孤岛荒凉而美丽的魅力。岛上主要旅游景点除拉帕努伊国家公园之外，还有拉诺·拉拉库（Rano Raraku）采石场、拉诺廓火山以及阿纳凯（Anakena）海滩等自然景观。其中处于岛屿北部的阿纳凯海滩是全岛最富魅力的景点，海滩蜿蜒，一片金黄灿烂，沙子细软，水色湛蓝，摩艾石像排列威武壮观，棕榈树林青翠茂密。岛上草原漫漫，石像林立，马匹健壮，沙滩细软，近岸海水澄澈，火山坑也别有一番景色。岛屿属热带海洋性气候，夏季气温在 15~28 摄氏度，冬季气温在 14~22 摄氏度，全年温差较小。海岛雨水丰富，几乎每天都有雨，夏秋两季比较集中，因此最佳旅行时间为每年 11 月至次年 3 月。

1.4 拉帕努伊极具旅游业借鉴价值

复活节岛上拥有独一无二的巨石人像摩艾和朗格朗格板，这些文化遗产和历史遗迹不仅吸引着众多考古学家，也成为全世界历史爱好者、旅游爱好者以及探险爱好者向往的圣地之一。现在岛上拥有旅行社、汽车租借、餐厅和旅馆等基础设施，智利政府也大力扶持旅游业的发展。复活节岛由兴起到衰败、再到复兴的历史过程引人深思，探索拉帕努伊国家公园的规划、运营与管理，对于以文化公园为主体而带动旅游业发展，促进自然和文化遗产保护具有重要意义。

二、发展历史

2.1 复活节岛文明兴起与衰落

复活节岛有人类涉足要追溯到公元 5 世纪，最原始的居民是波利尼西亚人。根据原始文字记载，波利尼西亚人在当时已掌握了先进的航海技术，在经历了海上数月的漂泊之后，幸运地到来了一座与世隔绝的小岛——拉帕努伊岛，意为世界的肚脐，以形容其孤远的地理位置。这里直到 1722 年被荷兰人发现前仍处于石器时代，完全隔绝于大陆文明。岛上林木资源充足，生长着大量的棕榈树，死火山遗留的火山灰带来肥沃的土壤，使得生物种类丰富。原始居民依靠最原始的农耕、采集和游猎就可以自给自足，人口因此开始膨胀。

部落形成规模后，拉帕努伊人形成"巨人崇拜"，为被认为是神的后代的酋长修建巨石人像。巨石人像是用石质工具雕凿而成，所需石料大多出自拉诺·拉拉库采石场，仅靠人力和巨大木材，在没有牲畜和车辆的条件下被运往庞大的石台祭坛"阿胡"（Ahu），其间距离最远达 18 千米。巨石人像的建造和搬运需要消耗大量木材，耗费的人力物力几乎全部来自岛内，因此岛上开始滥砍滥伐，生态环境也随之恶化。

2.2 文明在饥饿和战争中衰落

林木资源和生物多样性的日渐匮乏和破坏，导致各部落之间争夺资源的冲突日益加剧，文明在动乱也开始衰落。原本象征神圣意义的摩艾石像也被拉帕努伊人推倒，岛上甚至还发生人吃人的野蛮行为。复活节岛至此陷入无政府的混乱状态，殖民者轻而易举地奴役了这个孤立的岛屿近 200 年，岛上的文化和自然都由此遭受重创。

直到 1888 年，复活节岛划归智利所有。智利政府希望同化拉帕努伊人，通过移民、教育、控制土地等方式，使他们融入智利社会的现代文明，认可智利公民身份。这种比殖民方式更加温和的同化模式，使得原住民既不失去自己民族的文化特色，仍可使用本民族语言，但是又认可智利政府的管辖权。智利政府为恢复复活节岛的生态系统和经济发展所采取的措施，对人们具有借鉴意义。

2.3 国家公园的建设并非一帆风顺

拉帕努伊国家公园成立于 1935 年，现由瓦尔帕莱索大区管辖。拉帕努伊公园举世闻名，部分是由于其相当高度的真实性。1895 年智利政府并未认识到复活节岛的文化和历史价值，而是将其租借给国外的公司，把小岛作为牧羊场使用。此时原住民被强迫集中到了西海岸的安加罗阿（Hanga Roa）村庄，甚至如今岛上大部分居民仍然集居于此。牧羊场经营持续到 1953 年，对于复活节岛的生态系统来说是一场灾难，对于拉帕努伊人和智利政府也是一场灾难。直到 1962 年，复活节岛上砍伐了最后一棵树，自此至今复活节岛上再无高于 3 米的树木。因此，在 1964 年智利政府通过了一项法律，开始保护岛上环境。

2.4 国家公园最大程度复原历史遗迹

自然资源的枯竭迫使智利政府为复活节岛谋求新的出路，鉴于小岛丰富的文化遗产，居民和政府一致选择以旅游业为主，并通过餐饮、住宿等相关服务业来发展经济。1960 年智利发生大地震并引发了海啸，复活节岛也被波及。再加上巨石人像一部分曾被人为推倒，岛上石像散落一片。摩艾具有历史价值和观赏价值，是吸引游客的主要因素。摩艾作为复活节岛的文化标识，曾经因为战争、自然灾害等各种原因受到破坏，公园要以复原摩艾为主进行公园建设与规划，尽可能保护其历史价值。

拉帕努伊国家公园对摩艾的修复经验值得借鉴。公园的建立与发展都建立在尽量维护原始风貌的基础上，摩艾石像的许多修复和重建工作也都被严格控制，只能基于严格的科学调查进行复原。19 世纪 60 年代美国怀俄明大学的考古学教授威廉姆·穆洛伊带领考古队开始对复活节岛的石像进行修复，这项工作一直持续到 90 年代穆洛伊教授逝世。此外，1992 年在日本政府和企业的帮助下，考古学家们借助日本提供的起重机等工具，在波克（POIKE）火山口附近的汤加里基（TONGARIKI）重新修复并竖立起最接近于原始状态的 15 尊石像。石像的复原工作为复活节岛发展旅游业提供了基础，也成为智利的世界名片。

2.5 遗迹修复需要考古团队与政府和企业之间通力合作

考古团队与政府和企业之间的资助与合作关系，适用于大多数历史遗迹的修缮。首先，考古团队利用科研经验和专业技术，可以最大程度保留遗迹的风貌。历史遗迹的价值在于其对于历史信息的承载，是现代人们探索过去的重要依据，对于历史遗迹的维护要以还原为主。同时，旅游业的发展需要利用历史遗迹的经济价值，对于遗迹的规划要尽量减少对遗迹的破坏与过度开发。

其次，寻求政府和企业的资助，可以更好更快修复遗迹。政府和企业的赞助解决资金问题，提供必要的技术装备，甚至可以通过提升号召力而优化修缮专家团队的人才配置。政府的参与，可以简化行政审批手续，以加快工程进度。政府参与还可以保证历史遗迹的完整性，避免局部修缮而无法维持整体价值。

最后，政府的参与也能解决遗迹的后续管理问题，实现可持续发展。历史遗迹修缮与开发后，面临着管理与运营问题，由于大多数历史遗迹的所有权归国家所有，所以政府拥有对历史遗迹的管辖权。政府参与可以解决以遗迹为核心文化标识的景区管理问题，无论是直接管辖，还是外包给企业，都具有处置权与公信力。

三、公园管理模式

由于拉帕努伊国家公园占复活节岛约 40% 的面积，也是居民比较集中的区域，所以公园与岛屿几乎是一个不可分割的整体。这样特殊的地理环境，造就了社区与公园管理结构的高度重合性，也不可避免地存在很多矛盾。拉帕努伊公园运营至今，并未出现过恶性的冲突事件，原因或许在于公园独特的管理模式。

3.1 公园管理采取"双部门"管理模式

拉帕努伊国家公园由智利国家林业局（National Forest Service of Chile, CONAF）和国家遗迹理事会（National Monuments Council）两个官方政府部门负责保护与管理，这两个机构共同负责、相互协调，并与社区一起进行国家公园的保护和管理。一方面，国家公园自 1935 年成立以来，因为其脆弱的生态环境，由国家森林服务局负责恢复生态与环境保护工作。另一方面，整个复活节岛于 1935 年被宣布成为国家级遗迹，国家遗迹理事会开始负责管理复活节岛的自然和文化遗产保护工作。

拉帕努伊国家公园作为智利的国家级公园，也是智利的野生动物保护区，它集中了大量具有极高研究和观赏价值的波利尼西亚文化遗产和自然遗产，因此智利政府制定了坚实的法律法规和制度框架来对其进行保护和管理。另外，主管部门会根据复活节岛的具体情况来制定相应政策或措施，来维护国家公园的正常运营。

公园采用政府部门与社区自治相结合的管理模式，设有一个专门负责管理的小组，管理小组对公园运营和保护情况执行定期审查制度。管理小组深入公园与居民，掌握第一手信息，在征得本地居民的意见和建议下，对公园实施管理。管理小组由专业管理人员组成，熟悉公园的管理与营运，具有专业管理素养。管理小组模式可以使得公园管理更加便捷高效，省掉很多官僚程序与审批手续。各职能部门划分清晰，权责分明，对于景区负第一责任，才能有效避免互相推诿现象的发生。

3.2 公园管理机构与社区的矛盾与协调

3.2.1 历史原因带来文化矛盾

拉帕努伊与智利之间仍存在文化差异，社区部门与管理机构间也存在矛盾，导致公园的管理变得十分复杂[1]。拉帕努伊文化历经劫难却依旧保持鲜明特性，呈现以"鸟人崇拜"[2]为精神信仰的岛屿文化。因为对于鸟人崇拜的认可程度不同，拉帕努伊文化有一定的排他性。隶属智利政府的智利国家林业局和国家遗迹理事会带有智利现代文化色彩，国家性质较强，首先维护国家整体利益。而复活节岛本土社区受当地文化和历史传统影响深远，带有强烈的拉帕努伊文化色彩，民族性质较强，以民族和本土利益为重。

智利政府与复活节岛社区之间的矛盾根源于文化差异，应该通过专门机制进行协调。此专门机制可以是专家委员会、居民听证会等形式，以民众意愿为基础，并听取专家意见。复活节岛居民与智利本土大陆居民存在空间上的距离，也存在生活方式、行为模式等方面的差异，比如复活节岛居民多数以旅游业为生，缺少稳定性，而智利本土居民则更适合稳定性强的生活和工作方式。因此，智利政府在行使居民管辖权时，要区别对待两部分居民。对于复活节岛居民，既要尊重其独特文化传统，也要培训其除旅游业外的生存

---

① Rapa Nui National Park. [EB/OL]. http://whc.unesco.org/en/list/715, 2019-12-11.
② 每年8月，拉帕努伊人通过武力选拔出新的首领，该首领即为"鸟人"，因其以寻找鸟蛋为目标，故以此命名。

技能，丰富复活节岛上的产业结构。

3.2.2　社区参与公园管理

由于拉帕努伊国家公园占复活节岛近一半的面积，而且涵盖居民集聚区域，因此社区参与对于公园管理与发展十分重要。拉帕努伊的社区居民组成了名为马努埃努阿（Ma'u Henua）的土著社群，居民通过社群形式参与公园管理。马努埃努阿还通过脸书（Facebook）等社交平台，以制作视频、发布动态等方式宣传公园。此外，拉帕努伊居民在看到游客的不文明行为时，也会去及时阻止，并且会宣传关于遗产保护的相关信息。

居民是公园区域内最具活力的因素，社区则是居民们利益和诉求的集中表达管道。一方面，居民自身作为文化遗产的一部分，其语言、习俗等都是一个公园内观赏性因素的重要组成。比如塔帕蒂（Tapati）文化节就是完全由居民参与，进行演出、竞赛等活动以吸引游客。另一方面，社区组织居民对文化和自然遗产进行保护，更有利于维持遗产的原生性。居民对于传统文化的理解与尊重，是保持原生态旅游区域特性的重要保证。因此，拉帕努伊国家公园的社区参与管理，是十分成功并且有借鉴意义的。

3.3　国际化游客带来的投诉问题亟待解决

复活节岛作为举世闻名的旅游景点，吸引着世界各地的消费者。智利网站 Biobio 报道的数据显示，2019 年 7 月来智利旅游的游客人数出现明显增长，游客来源国结构也更加多样化。其中增幅最大为中国（21.1%），其次是英国（19%）、法国（13%）、德国（11.2%）、西班牙（9.6%）、美国（9.3%）、哥伦比亚（7.5%）、巴西（6.5%）和墨西哥（3%），遍布于欧洲、亚洲与美洲等地区。游客的多样化，各自带来的文明也极具多样性。东西方文化差异，不同的宗教信仰差异，乃至于生活方式差异，都将在复活节岛上体现出来。

差异难免导致冲突，而冲突的解决需要专管部门的协调。2018 年智利国家消费者服务局（SERNAC）年接收到的外国人投诉超过 3000 起，比 2017 年投诉量增加了 36.5%。外国人提出投诉的原因主要和交通、零售业及旅游服务有关，其中旅游服务的投诉量增加了 69%。投诉量的增长速度远高于游客的增长速度，其中复活节岛作为知名度最高的旅游景点收到的投诉量也增长较大。如何解决消费者投诉，成为各大景区的重点与难点所在。

由于智利国家消费者服务局下属于智利经济、发展与旅游部，作为一所公共服务机构，其主要职能是保障消费者权益，进行价格调控，促进经济发展，但不享有监管及对违法者的处罚和裁决权。因此这种没有行政处罚权的消费者服务局，无法通过对涉事方进行警示、罚款与强制停业等手段解决被投诉方事实存在的问题。消费者投诉如果无法妥善解决，将会影响景区的舒适度与安全度，从而会降低该区域对于游客的吸引力。

针对游客投诉，管理部门要及时确认投诉真实性并加以解决，然后采取惩治措施以求长期效应。首先，投诉内容的真实性要及时确认。对于投诉内容，管理方要实地考察，听取涉案双方的陈述，在客观中立的基础上作出评判。其次，解决纠纷要客观公正，依法处理。严格依据法律法规来确定双方责任承担办法，切实保证消费者利益。最后，对于被投诉方要及时责令改正，也要长期监督。被投诉方涉及侵权行为的，要责令赔偿。如果发生严重违法行为，要上诉监察机构解决。除了短时间内解决争端，更重要的是建立长期监督机制，以免再犯。

3.4 游客流量控制政策将带来长期效应

历史原因致使复活节岛上的生态环境十分脆弱，缺乏可再生性，而岛上近年来主要发展旅游业，给生态环境带来极大压力。而现在复活节岛作为全球知名的旅游胜地，每年接待游客的数量甚至是当地居民数量的数十倍。随着越来越多的游客的到来以及智利本土大陆民众移居，复活节岛原住居民的生活已经受到影响，智利政府决定采取行动以缓解旅游业和岛上承载能力间的矛盾。

2019 年 8 月智利政府针对复活节岛颁布了新的限制令，规定前往岛上旅游的游客最多停留 30 天，希望通过限制游客滞留时长以控制岛上的居住人口，以防止超出环境承载力而威胁生态系统。新的限制令生效后，外籍游客可以在岛上停留从此前的 90 天减为 30 天。滞留期缩减 60 天，将缓解生态系统压力，但也会降低相关服务行业的营业收入，给旅游业和经济发展带来挑战。

智利政府还要求造访复活节岛的游客必须填写登记表格，出示预订酒店的凭据或岛民的邀请函，以此来增加游客的入境难度。另外，政府要求游客提供往返机票凭证，以保证其在 30 天有效期内顺利离开，预防人员非法滞留。这些举措旨在确定游客身份，确保岛上的治安。复活节岛上的治安良好，几乎没有恶性事件发生，部分原因在于严格的游客管控措施，这也成为复活节岛吸引度假为目的的游客的重要因素。

3.5 游客行为手册将有效防止人为破坏公园遗址

复活节岛的文化和自然遗迹数量较多，人为破坏现象也较为严重。此前就发生过多起游客触摸石像并且敲击损坏的行为，对石像造成无法挽回的损失。对此，智利政府通过国家旅游服务部，公布了一份复活节岛游客行为手册，希望能够以此指导游客在岛上的正确行为[①]。

行为指导手册对于一些细节性问题加以规范，每一条都具有较强的可行性。第一，禁止攀爬和触摸复活节岛石像，这是对于石像最直接的保护措施。第二，只能行走允许通过的道路，这对于重点保护区域来说十分有效。岛上划分出了游览区和保护区，游客要严格限制游玩观赏范围。第三，禁止摘取或拿走岛上的自然资源，例如花朵、沙、石头。岛上自然资源匮乏，尤其植被稀疏，但由于各种传说，这些自然资源被赋予神圣意义，因此容易被采摘或盗取。第四，不要触摸和喂养岛上的乌龟。复活节岛海岸线较长，海滩面积较大，栖息的海洋生物较多，游客有时会喂食与接触野生动物。这种行为有时会给动物带来伤害，甚至具有攻击性的动物会危害游客安全。第五，禁止在部分地区使用无人机进行拍摄。岛上遗产具有科研价值，需要保密。此外由于拉帕努伊宗教传统，有些地区禁止拍照以尊重该地文化习俗。

智利政府规定如果违反上述行为规范的话，可能会面临罚款。但有一个问题是，复活节岛相对独立，岛上警察等监管力量薄弱，无法深入到岛屿的各个地区监管游客行为。然而，仅依靠游客通过阅读行为手册自觉遵守，也无法完全杜绝人为破坏公园遗址的行为出现。为此，拉帕努伊公园倡导岛民监督模式，通过岛民对于游客的提醒和规劝来规范游客行为。不过复活节岛居民集中居住于西海岸的安加罗阿村庄，也无法对全岛进行监督。

---

① 智华新闻社．[EB/OL]．http://www.chilecn.com/archives/1082, 2019-12-09.

四、财政模式

4.1 门票收入为公园主要营业收入来源

拉帕努伊公园实行门票收费制度，国际成人游客的费用为 80 美元，儿童的费用为 40 美元。游客可以在位于马塔维里机场入口处的马努埃努阿售票处于飞机到达的时候购买，也可以在位于阿塔姆特可耐（Atamu Tekena）街的马努埃努阿办事处购买，[①] 两处地点都十分方便旅客购票。

公园门票采取通行证制度，游客持有通行证就可以在岛上随意观赏游玩。但是，游客凭通行证只能进入拉诺·拉拉库（Rano Raraku）采石场和奥龙戈村（Orongo）一次。这两个地点作为复活节岛最重要的遗产所在地，保护价值很高，游客数量也很多。这样的制度不仅有利于保护重要的文化与自然遗产，也有利于控制游客数量，避免拥堵以营造良好的游览环境。

4.2 智利政府重视基础设施建设以促进旅游业发展

智利政府成立拉帕努伊国家公园时，就投入大量人力物力。智利政府通过改善生态环境重建复活节岛。后又出资修复摩艾石像，提升拉帕努伊公园的旅游价值。政府用财政支出维持智利国家林业局、国家遗迹理事会和国家消费者服务局对于拉帕努伊公园的管理和服务。此外智利政府也大力投入基础设施建设。

4.2.1 方便游客进入的基础设施建设项目

比如 1967 年智利国家航空公司 LANCHILE 航空公司开通了航线。航空几乎是全部游客的抵达方式，游客可以从智利首都圣地亚哥机场直飞复活节岛，此举大大改善了复活节岛的交通状况，吸引更多的游客。

智利首都圣地亚哥市内设有国家旅游中心（Servicio Nacional de Turismo，SERNATUR），旅游中心提供英语服务，乘坐地铁就可以到达，对于外国旅客来说十分方便。游客可在国家旅游中心索要复活节岛地图和旅行手册，或者

---

① Easter Island Information．［EB/OL］．https://www.kavakavatours.com/en/island-info/, 2019-12-28.

了解其他旅游相关信息。旅游中心既可以帮助游客安全高效地到达旅游目的地，同时也会给游客带来更优质的旅游体验。

4.2.2 完善紧急救助系统，保障安全

复活节岛虽然地理位置比较偏远，但紧急救助措施十分完善，在岛上拨打 131 联系救护车、132 联系消防局、133 联系警察局。据多数游客反映，一直以来复活节岛治安非常好，几乎没有听说过恶性事件发生，当地人甚至放心到晚上把车停到路边都不锁车门。医护、消防和警察体系的完善，是保证景区治安环境的重要因素。治安环境关系游客财产与人身安全，是游客选择目的地的首要考虑因素。

4.3 国际组织捐赠占公园运营资金较大比重

拉帕努伊国家公园自 1995 年被联合国教科文组织列入《世界遗产名录》以来，一直受到教科文组织的保护与资助。从 1973 年开始，世界文化基金会资助了由威廉·穆洛伊（Wiliam Mulloy）博士领导的为期五年的考古研究和调查，科研队伍研究对阿胡和奥龙戈村的保护工作。这样的科研保护工作一直在进行，对于复活节岛旅游业的发展至关重要。

此外，世界文化基金会也成为拉帕努伊国家公园发展的重要资金来源。基金会赞助了多次专题讨论会和圆桌讨论会，以研究和保护拉帕努伊的文化和自然遗产。基金会还出版了诸如《复活节岛：遗产及其保护和死亡》等出版物。近年来，基金会组织了拉帕努伊国家公园的两个著名考古遗址拉诺·拉拉库采石场和奥龙戈村的保护和管理项目。

4.4 旅游相关产业带来很大部分的营业收入

复活节岛作为亚热带岛屿，成为很多游客的度假胜地。此类游客消费能力强，会选择比较优质的酒店入住，甚至入住较长时间。罗阿生态村及水疗酒店（Hangaroa Eco Village & Spa）是岛上唯一的五星级酒店。酒店收费较高，每年营业收入也较高，会缴纳大额的税收，以此给智利政府带来财政收入。

然而，复活节岛上的游客承载和接待能力仍然十分有限。由于岛上没有港口，大多数食品、物资是通过空运上岛，运费较贵且每周只有 5 个航班。这样导致岛上物价很高，很多游客会自备食物。岛上物资匮乏，甚至人们可以以物换物，比如用食物可以换取宾馆房费。

食物紧缺使得餐饮服务业收费较高，水资源紧张使得洗手间也是收费的。岛上餐饮价格在人均 15~35 美元，另外有 10% 小费。鱼类是当地特产，但是蔬菜和水果价格较高。因此餐饮行业的营业收入也比较高，成为财政收入来源。

复活节岛上分布着大大小小的旅行社，游客可以报名参团，也可以寻找当地的私人向导。据统计，大概有 20% 的游客通过报团旅行，收费标准为一天 50 美元左右。旅行社的导游通常使用英西双语和部分其他国家语言。导游的讲解较为专业，也可以保证安全性，通过旅行社随团参观更有助于游客规划行程。旅行社缴纳的税收也支持拉帕努伊公园的建设。

游客也可以选择当地的私人向导，自己规划行程。当地向导可以帮助游客更好地理解较为陌生的波利尼西亚传统习俗。私人向导作为岛民，除了介绍复活节岛的历史和文化，还会带游客了解普通居民的日常生活。此外，私人向导作为经历过资源贫瘠的波利尼西亚后裔，会提醒游客不要破坏岛上的任何植物，珍爱岛上有限的资源。私人向导的营业收入直接提高复活节岛居民的收入水平，从而成为缓解智利政府财政压力的重要支持。

五、旅游开发利用

5.1 拉帕努伊传统文化活动成功吸引游客

文化，作为拉帕努伊独特的魅力，一直受到政府、居民乃至世界的关注与重视。继承好、发扬好一个民族的文化传统，不仅具有社会学意义，也具备经济价值。比如拉帕努伊公园的主要吸引力在于其独特的文化遗产——摩艾石像，这是复活节岛赖以生存的文化特质。虽然拉帕努伊人的信仰从摩艾变为"鸟人"，但他们对于摩艾的敬仰之情并未改变，保护措施也十分到位。

复活节岛每年 2 月，拉帕努伊人会举行塔帕蒂文化节。每年 2 月为复活节岛旅游旺季，塔帕蒂文化节一般持续两个星期，遵循最原始的传统。文化节举办的人体彩绘、马术竞赛、歌曲舞蹈等活动，具有独特的拉帕努伊文化特性。岛民们还会挑选国王和女王，作为精神象征和文化大使，带领拉帕努伊人继承并弘扬自己的传统文化。

　　岛上也会举行一年一度的"鸟人节"。随着时间的流逝和部落间的动乱，岛民对摩艾石像的信仰逐渐瓦解，"鸟人"成为新的崇拜神。每年 8、9 月份，岛上各部落的人会聚集在海边举行"鸟人比赛"，选举赢得比赛的新"鸟人"作为部落的首领，进行神圣的祭典仪式和多彩的化装表演。为了在旅游旺季吸引更多的游客，"鸟人比赛"时间已经改在每年的 2 月份。

　　此外，还有许多特产和纪念品，都充满浓浓的拉帕努伊文化元素。比如岛上畅销的"阿古－阿古"，它是一种小型石像，在拉帕努伊人的传说中神通广大，类似于中国文化中的佛像，能够赐福一方。文化特色带给拉帕努伊人财富，也带给世界各地游客以精神享受。因此，合理开发文化产品，既可以保护文化特色，也可以带来经济价值。

5.2　公益性博物馆助力文化遗产保护

　　复活节岛上设有塞巴斯蒂安博物馆（the R. P. Sebastian Englert Museum of Anthropology），它由塞巴斯蒂安·英格勒特（Sebastian Englert）神父创立，位于安加罗阿镇的北部。博物馆陈列着关于波利尼西亚传统生活方式的照片和资料，也展出与巨人石像有关的"肋骨雕像"（moai kavakava），以及独有的历史文物"朗格朗格板"的复制品，为初上复活节岛的游客进行简单有效的科普。博物馆收取 5 美元的门票，以公益性为主，所以不作为主要收入来源。

　　博物馆除了展览展示功能外，其作为遗产保护组织和历史研究机构的意义也十分重要。塞巴斯蒂安博物馆由于其独特的地理位置与设立动机——它旨在研究岛民传统的耕作方式，以及欧洲人为复活节岛带来的影响[①]。耕作方式可以反映复活节岛的生态变化与人口演变——从而为研究拉帕努伊文化和波利尼西亚文化提供依据。欧洲人对于复活节岛的影响深远，无论是殖民还是重建，都极具研究价值。

5.3　寻找摩艾的拯救石像活动

　　由于殖民活动使得复活节岛上的摩艾石像散落各地，拉帕努伊发起了在

---

① 塞巴斯蒂安博物馆．[EB/OL]．https://baike.baidu.com/item/ 塞巴斯蒂安博物馆/6107841?fr =Aladdin, 2019-12-12．

全世界寻找摩艾的活动，旨在激发人们对于摩艾的兴趣与保护意识。"来自世界各地的摩艾"被展示在拉帕努伊公园的官网上，来自加拿大、美国、澳大利亚等地区的人们将自己在当地拍摄到的摩艾石像发送给拉帕努伊官方组织的邮箱 books@islandheritage.org，以唤起世界各地人们对于拉帕努伊珍贵文化遗产的重视与保护。

六、可持续发展问题的探索

拉帕努伊公园已被世界文化遗产基金会（World Monuments Fund，WMF）列入 2020 年濒危世界文化遗产清单，成为基金会重点关注对象。可持续发展问题将成为决定拉帕努伊未来何去何从的关键，拉帕努伊人也在为此采取措施。

6.1 可持续游客接待中心

可持续游客接待中心（Sustainable Visitor Reception Center）是在 2010 年初，由世界文化遗产基金会（WMF）发起，联合美国运通公司（American Express）以及智利国家森林协会（CONAF）共同建造①。拉帕努伊公园的可持续性发展问题自 2001 年以来一直受到世界文化遗产基金会和美国运通公司的关注，两家机构共同发起了对于拉帕努伊文化和自然遗产的保护项目。

接待中心作为该保护项目的组成部分之一，受到筹建方的高度重视，总投资超过 46 万美元，现已成为促进拉帕努伊公园可持续发展的重要场所。接待中心位于奥龙戈村的入口处，这里是举行鸟人竞赛等重要集会的村庄，也是每一位游客的必经之处，还是拉帕努伊国家公园最重要的考古遗址之一。接待中心的选址极具现实意义，既可以最大程度服务游客，又可以最直接地保护公园遗产。

---

① Easter Island opens Visitor Centre as part of intensive conservation program．[EB/OL]．https://en.mercopress.com/2011/06/06/easter-island-opens-visitor-centre-as-part-of-intensive-conservation-program, 2019-12-18．

作为发展可持续旅游的项目，建筑商秉持循环发展理念，用回收材料翻新了旧的接待中心，建造了一个利用风能和太阳能的供电系统，可以满足接待中心的基本用电需求。其他特别设施还包括雨水回收系统和堆肥厕所，这些设施将有助于缓解复活节岛的生态压力。

奥龙戈村位于复活节岛上游客最为集中的地区，对于可持续发展理念的传播至关重要。首先，接待中心会向游客介绍国家公园，可以直观地展示复活节岛严峻的生态环境，帮助游客树立环保与节能的理念。其次，接待中心会为游客提供旅行信息和宣传材料。宣传册等资料可以具体化、细化游客行为规范。最后，接待中心会帮助监测和管理游客行为。接待中心配备一定的监控设备，可以最大范围监控游客不合理行为，从而敦促游客身体力行地保护生态。

6.2 复活节岛基金会与社区的合作伙伴关系

复活节岛基金会（The Easter Island Foundation，EIF）成立于 1989 年，通过资助、建设与宣传的手段，提高人们对拉帕努伊文化和自然遗产的保护意识，以实现复活节岛的可持续发展。基金会与社区建立了稳定的合作伙伴关系，在文化和自然遗产保护方面颇有建树。基金会在塞巴斯蒂安博物馆内建立了威廉姆（William Mulloy）图书馆，赞助岛上的环境保护研究项目，主办关于复活节岛和波利尼西亚的国际专题讨论会，出版了关于拉帕努伊和波利尼西亚文化的杂志，也向复活节岛上的原住民协会（the Indigenous Guides Association）和学校提供书籍和材料。

复活节岛并无高等学府，现代化高等教育水平较低。拉帕努伊要想实现可持续发展，专业人才和科研力量培养十分关键。对此，复活节岛基金会成立奖学金项目以资助曾在拉帕努伊本地接受教育的学生，要求被资助的学生在岛外完成学业后返回拉帕努伊岛，利用他们的知识和技能贡献于复活节岛的发展。此外，奖学金的颁发基于学生的学业成绩和专业方向，评判学生未来对于拉帕努伊的建设潜力，并结合学生们的经济状况来决定资助金额。

这些措施，对于提升复活节岛居民的专业知识技能和水平有一定可行性和价值，可以带来技术革新和理念方面的进步。一方面，岛民接受现代化高等教育，如旅游管理、艺术鉴赏等专业，可以在毕业后实际应用到建设复活节岛的实践中，并在一定程度上加快复活节岛现代化进程。另一方面，项目要求申请人必须有拉帕努伊血统，并且在拉帕努伊上过学，这样意味着切实资助了更加了解复活节岛历史沿革与文化传统的原住居民，也更加能在最大程度上保护拉帕努伊文化的原真性，以免过度开发造成二次破坏。

6.3　生态保护工作成为公园可持续发展的核心问题

复活节岛地形以草原为主，植被多为灌木和草丛。岛上生态环境脆弱，土地几乎全部被石块覆盖，致使农作物不易生长。研究表明，捕捞海豚、鱼类等海洋生物曾作为拉帕努伊人获取食物的主要方式。但自 16 世纪开始，海豚作为食物未出现于当地人的餐桌，据推测这是由于木材资源紧张而无法制作船只，拉帕努伊人无法出海捕捞所致。

如何在不破坏复活节岛生态系统的前提下开发文化遗产、发展旅游业，是智利政府与居民一直面对的挑战。拉帕努伊国家公园地处岛屿，淡水资源极度紧张。岛上主要淡水来源为雨水等自然降水。然而随着复活节岛居民人数的增长和越来越多游客的涌入，岛上的淡水资源越发紧张，生活用水供不应求。

此外，复活节岛没有下水道系统，也没有垃圾处理场。这就导致岛上的生活垃圾和生产垃圾无法处理，从而占据可耕作土地和建筑土地，进而恶化生态环境。据调查，2009 年至 2011 年期间，复活节岛向智利本土大陆运输了230 吨垃圾。岛上垃圾仅靠向外输送，绝不是长期适用的解决办法。

对此，智利政府已禁止游客将垃圾留在复活节岛上。这样的禁止规定，虽然短期内有助于垃圾的处理，但长期来看会给游客带来很多麻烦，也无法彻底解决复活节岛的垃圾处理问题。甚至这种方式会造成资源浪费，因为很多垃圾经过再处理，是可以再次利用的。除了要求岛民珍惜水资源外，开发海水转化系统，有助于岛上淡水资源的补充。

在石块遍布的岛屿恢复植被并非易事，虽然复活节岛降水量较大，但是土壤的蓄水能力不足，水土流失严重。修缮岛屿下水与蓄水系统，如修建水库、造林等举措，既有助于恢复植被，也可以储蓄淡水资源。此外，国外很多沙漠治理的成功案例可以借鉴，智利政府也可以采取国际合作的方式，将复活节岛水体治理外包给技术团队。

6.4 自然地理物质保护工作亟待改善

拉帕努伊国家公园几乎包含了复活节岛所有有价值的文化和自然遗址，同时由于地理位置偏远，极大保存了遗址的完整性。现在对于自然地理景观的保护工作在封闭区域、实况监测和交通布局等方面取得了进展，这些措施有助于保持地理景观的视觉完整性。然而，对于火山熔岩、凝灰岩等自然地理物质的保护却仍有不足。

自然地理物质虽不具有直接的观赏性而带来经济价值，但其对于考古等科研活动意义非凡。自然地理物质的管理和保护要重点解决人为破坏因素和自然风化的影响，以保证岩石及其结构的稳定性。首先，需要公园管理和规划机构针对岛上的地质地貌，将观赏性与生态脆弱性联系起来。对于极其容易被破坏的自然地理区域，要加强实时监控，做好预防工作。其次，要对游客行为进行严格管理，合理划分保护区、居民区和游览区，降低人为破坏的可能性。对游客非法触摸、搬动等行为加以制止和制约，严重时处以罚款。最后，自然风化等自然因素需要科研团队通过技术手段去控制。可以建立隔离措施，如隔离林、防护罩等。

七、为了保护而存在的拉帕努伊国家公园

自足与饥饿、战争与和平、现代与传统、开发和破坏等矛盾，不仅存在于历史中，也可能存在于现在或未来的复活节岛。智利政府建立拉帕努伊国家公园，旨在用国家公园这种特殊的形式，通过国家林业局和国家遗迹理事会两个政府部门，联合复活节岛社区共同对拉帕努伊公园进行管理，以保护珍贵的拉帕努伊文化和自然遗产。除了政府性组织，岛内还设有复活节岛基金会等协会，基金会联合社区共同管理，实现拉帕努伊国家公园的可持续发展。

此外，拉帕努伊国家公园作为世界的珍贵遗产，受到国际社会的关注。联合国教科文组织、世界文化遗产基金会高度关注公园内文化和自然遗产的保护情况，提供资金和技术方面的援助。其中可持续游客接待中心的建设，

彰显了国际社会对于拉帕努伊的珍视与热爱。

拉帕努伊公园要想实现可持续发展，还存在很多问题必须解决。比如岛上的垃圾处理、下水道等设施仍未完善，复活节岛在发展旅游业的同时，也要关注基础设施的建设。基础设施建设一方面与岛民的生活息息相关，另一方面也会促进旅游业的发展，同时具有社会效益和公众效益。在保护自然和文化的基础上开发，有原则地发展旅游经济，是拉帕努伊国家公园的宝贵经验，值得国际各界予以借鉴。

参考文献

［1］飞行少女阿若. 玩转复活节岛，先了解这些签证、交通和住宿信息［EB/OL］. http://www.mafengwo.cn/gonglve/ziyouxing/195487.html, 2019-12-29.

［2］船客邮轮旅行. 复活节岛——南太平洋上的世外仙境.［EB/OL］. http://www.mafengwo.cn/gonglve/ziyouxing/294416.html, 2019-12-29.

［3］Valentí Rull. The deforestation of Easter Island［J］. Biological Reviews, 2020, 95（1）.

［4］University of California - Los Angeles; Unearthing the mystery of the meaning of Easter Island's Moai［J］. NewsRx Health & Science, 2020.

第二篇

土耳其格雷梅国家公园

一、土耳其与土耳其格雷梅国家公园的整体介绍

1.1 土耳其——一个充满奇幻色彩的国度

土耳其共和国，简称土耳其，是一个横跨欧亚两洲的国家。从地缘战略位置上讲，有欧亚"十字路口"之称。从地理位置上看，东部与格鲁吉亚、亚美尼亚、阿塞拜疆和伊朗接壤，西临爱琴海，与希腊以及保加利亚接壤，南临地中海，东南与叙利亚、伊拉克接壤，北临黑海。所以，无论从地理位置上，还是战略位置上讲，它都非常重要。

土耳其人的血统是欧洲人种–地中海血统。下图是土耳其发展历程：

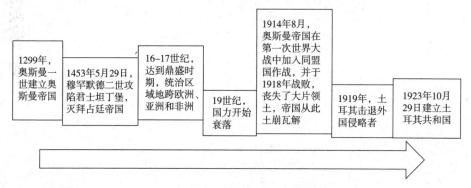

图 2-1　土耳其共和国发展历史[①]

特别要说明一点，在 16—17 世纪，奥斯曼帝国的君主苏丹认为自己是天下之主。而后的土耳其，不仅继承了东罗马帝国的文化，也继承了伊斯兰教的文化，所以，东西文化得以在这里相聚。

---

① 中国驻土耳其大使馆经济商务参赞处. 对外投资合作国别（地区）指南——土耳其 [EB/OL]，2014：2-5.

今天的土耳其共和国，从政治方面看，实行的是议会共和制，总统只是象征性的国家元首，并没有很大的实权，而总理是政府首脑，掌握行政权。

从经济方面看，土耳其是北约成员国，是世界新兴经济体之一，是经济合作与发展组织创始会员国和二十国集团的成员，亦是全球发展最快的国家之一。

从外交方面看，土耳其共和国的外交政策具有不稳定性，以 2013 年为界，由奉行"零问题"睦邻外交政策，到奉行"积极进取"的外交政策。该国希望能够成为地理和文化方面的世界心脏地带的核心国家。

所以，虽然土耳其对外界好似蒙上一层神秘面纱，好似与中国交往不甚密切，但是，它依然是中国的合作伙伴，在"一带一路"的合作上发挥着不可替代的作用。

1.2　土耳其格雷梅国家公园——富有历史底蕴的公园

土耳其格雷梅国家公园位于土耳其中部的安纳托利亚高原上的卡帕多西亚省，处在内夫谢希尔、阿瓦诺斯、于尔居普三座城镇之中的一片三角形地带[①]。面积 4000 平方千米。该国家公园以其独特的地貌特征为名，特别是卡帕多西亚的奇石林、火山岩群、岩穴教堂以及奇山区。尤其是奇山区，它的形成非常的有特点：

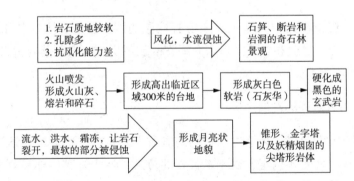

图 2-2　土耳其格雷梅国家公园地形地貌形成图[②]

根据：https://baike.baidu.com/item/%E6%A0%BC%E9%9B%B7%E6%A2%85%E5%9B%BD%E5%AE%B6%E5%85%AC%E5%9B%AD/3601118?fr=aladdin 整理

---

① 游多多. 格雷梅国家公园简介［EB/OL］. http://www.yododo.com/area/detail/2-27-01-12653, 2019.

② 纪江红. 世界文化与自然遗产［J］. 北京：华夏出版社，2007：196-197.

从上图中可以看出，该处地貌形成的方式有两种，第一种：由于岩石本身所具有的特点——质地较软，孔隙多，而且抗风化能力较差，它们在经历风化和流水的侵蚀后，就形成了断岩、石笋和岩洞的景观。第二种：通过火山喷发，形成了高出近地 300 米的 30 平方米的高地，最终形成的灰白色软岩硬化形成玄武岩，再次经过流水侵蚀，使之形成了最著名的"妖精烟囱"。

在格雷梅公园中，最具人文特色的景观就是土耳其的秘境之地卡帕多西亚高原。卡帕多西亚的景色是在中新世时期，由红色的砂岩和泻盐沉积形成，它位于高原中心部的火山地带。它的南部人口稠密，是这个地区的心脏。从整体景色看，黄色，是它的代名词，它被称为世界上"最像外星人居住的地方"。但是，因为这里与世隔绝，也堪称别样的世外桃源。在这里，人们的祈祷声从来没有断过。人们利用这里火山岩独特的地貌，建成了各式各样的房屋、教堂。1985 年，这里被评为世界文化遗产。

二、土耳其格雷梅国家公园发展历史

土耳其格雷梅国家公园是一座公有性质的国家公园，下面从历史遗迹、文化资源、历史之谜和主要景点来介绍它的发展历史，希望能让世人都知道，这是一座文化宝库。

2.1 历史遗迹的发展历史

这里的历史遗迹，被这里独特的地貌蒙上一层神秘的面纱。从遗迹形成的过程来看：公元 4 世纪，由于基督教的传入，在土耳其中部高原建起了各种基督教宗教建筑；公元 9 世纪，更多的基督教徒来到这里凿山居住，合力将洞穴装潢成教堂，并且在墙壁上画上《圣经》中的人物画像。直到今天，这里的画像依然色彩鲜明，清晰可见；到公元 13 世纪，该区域已经发现的岩石教堂有 300 多座，山洞非常多，其中有些教堂较为破旧，而有些教堂的墙壁和穹顶上绘有多彩的壁画，显得十分精致；公元 14 世纪，这个宗教社区湮没了；到了公元 19 世纪，修道士们又回来，一直在这里生活到 1922 年。现在，有一部分山洞变成了贮藏室或牲畜厩棚，而另一部分则变成了土耳其人居家的住所。

这里要特别提及的一点：公园中部有格雷梅天然博物馆，这个地方是由15 座基督教堂和一些附属建筑组成，其中包括一些希腊式的教堂建筑，以及建于 11 世纪的圣巴巴拉教堂和建于 12—13 世纪的苹果教堂等。在附近的小镇中，于尔居普镇附近石笋林立，到处耸立着石峰和断岩，许多岩洞如蜂巢般穿插在岩石之间，而岩洞内部又有机地连接在一起，成为相互贯通的高大房间。

从主要的遗迹特点来看，在这看似荒无人烟的悬崖绝壁中，隐藏着成百上千座古老的岩穴教堂、不计其数的洞窟住房和规模宏大的地下建筑遗址。从远处看，像一座座石丘拔地而起，上面密密麻麻开凿了无数窟窿。从近处还能看见崖壁上的门、窗和通风口。山体内部已被掏空成蜂巢一样的居室。这些洞穴的位置高低不一，高的甚至有 16 层，要到达高处的洞穴往往需要借助绳梯。攀进洞穴往里面走一走，会发现山体内还有东罗马帝国时期基督徒挖掘的修道院和教堂，其空间显然比普通洞穴宽阔得多，岩石被巧妙地雕刻成拱门、圆柱和拱顶。教堂的内壁装饰华丽，精美的圣像、细腻的壁画以及优雅的柱廊与洞穴外部的荒凉世界形成巨大反差。[①]

这里峰岩林立，人们如何能在这样的土地上一直生活下去，是一个问题。地理学家告诉我们，在古代，这里郁郁葱葱，草木繁盛，但是随着气候变化，该高原气候逐渐干燥起来，雨水逐渐减少。由火山灰堆积成的凝灰岩山体，其表面不易形成土壤层，因此这里的岩石裸露，寸草不生。然而在峡谷间的情况却大为不同，由于风化的沙土疏松多孔，只要有溪水流淌或者地下水充沛，峡谷中的植物一定是绿油油的，成为荒原中的绿洲。

2.2 文化资源

土耳其格雷梅国家公园是一座拥有丰富文化资源的公园。在卡帕多西亚地区，基督徒们于此生活长达一千多年。他们利用这些比较松软的岩石，建起无数的房间，总共修建了修道院和教堂达 1000 多所。在其中，他们还在洞窟内建起了柱子和拱形门，完整地再现了教堂建筑的特点和内部结构。人

---

① 纪江红. 世界文化与自然遗产 [J]. 北京：华夏出版社，2007：196-197.

类的智慧，加上自然的雕琢，再加上基督教文化的渗透，格雷梅国家公园和卡帕多西亚石窟群，是现代游客去近距离领略当时土耳其基督教文化的一种途径。

2.3　历史之谜

从历史之谜的方面看，在该国家公园中最大的谜团就是这些奇形怪状的石头与景观是如何形成的。首先，需要研究在此地居住的人的生活方式。在新石器时代，位于安纳托利亚南部的恰塔尔霍尤克聚落占地13公顷，有6000多人居住。那个时候的他们，可以熟练耕作，还能够制作匕首和镜子，并且用以交换。在公元前2000年，土耳其先民赫梯人曾在此凿洞居住。公元前7世纪，这里大约有3万人生活在此。从他们的生活方式进行考证，在大约公元前9000年到公元前7000年这段时间中，该地居民已经学会了种植小麦，饲养山羊、绵羊等动物。而且，他们还掌握了冶炼技术，利用铜和铅冶炼。古代的安纳托利亚人使用铁器的时间大约是在公元前5000年左右到公元前1500年。因为可以很方便地使用铁器，才能够让凿崖变得十分容易。但是，究竟是哪个群落最早创造出这样的崖居形式呢？目前还不得而知，但是他们的崖居房屋的构造，为后代土耳其人民提供了居所借鉴。他们的崖居房屋的构造是这样的：多数居民在洞窟前修建了小屋，与洞窟一起成为住宅，洞窟的入口部分是起居室，再往里面是卧室。床深深嵌在石龛中。居室内的壁炉、家具等都是直接从岩石中挖出来的。其中从远古安纳托利亚部落开始，亚述人、赫梯人、腓尼基人、来自中亚的突厥部落和蒙古人、波斯人、叙利亚人、阿拉伯人、库尔德人、亚美尼亚人、斯拉夫人、希腊人、罗马人、西欧人，一波接一波都曾在此留下足迹。直到今天卡帕多西亚仍旧有不少人居住在这样的洞穴屋里。

2.4　主要景点

从主要景点方面看，卡帕多西亚奇石林是非常突出的一个景点，这里被誉为土耳其天然景致的王牌，是土耳其最负盛名的景点。它泛指土耳其首都安卡拉东南约280千米处的阿瓦诺斯、内夫谢希尔和于尔居普三个城镇之间的一片三角形地带。

远古时期，由火山喷发出的熔岩形成了火山岩高原，地形较为奇特。通过风化和侵蚀作用，形成了很多奇形怪状的岩石，有的像塔，有的像菇。卡帕多西亚名字的由来是公元 4—10 世纪土耳其中部山区的地名，在该国家公园中，保存大量的始建于古代该时期的山地洞穴和地下建筑遗址，非常值得一看。

该国家公园的历史遗迹、主要景点、文化资源和历史之谜，对研究人员，或者是考古学家，都非常具有研究意义和探索价值。

根据 IUCN 发布的期刊（2018 年 11 月）可以看出，国家文化公园是联合国教科文组织重点保护的文化遗产，但是目前出现了一些问题，给这些脆弱的地方造成了一定的影响。该文章指出，出现的问题有三个：入侵物种、气候变化以及旅游业的负面影响，严重影响该国家公园的生态环境。

在土耳其格雷梅国家公园当中，环境较为脆弱，经历过几次保护。根据联合国教科文组织发布的报告显示，分别在 1988 年、1992 年以及 1994 年提出过保护措施。其中，在 1988 年，秘书处向委员会提交相应的 ICOMOS（国际古迹遗址理事会）报告，并且指出该脆弱环境存在两个比较重大的问题，进而告知土耳其政府，随后，土耳其政府表态他们会倾尽一切力量保护这一脆弱地区。在 1992 年，公园存在的主要威胁依然是指向游客住宿及相关基础设施，主要的问题是在受保护区域建酒店。但是，相关部门这次通过了在保护地区建立酒店的请求。在 1994 年出现的威胁该地区景观的情况是岩石变质和壁画受损，但是目前这些问题均已解决。

综上所述，历史的沉淀，需要经历磨砺，需要经历洗礼，更需要经历保护。我们应该珍惜它，真正地从该资源存续的角度出发，考虑如何让每一代的人都可以享受这样的文化财富，都可以领略生命的美好。

三、土耳其格雷梅国家公园管理模式
——中央政府与共治共管相结合的模式

国家公园的概念最早是由美国黄石公园提出的，世界各个国家的国家公园的管理模式可以分为很多种，如下表：

表 2-1　世界各国国家公园管理模式 [①]

国家	管理模式
美国	中央政府管理模式，设置管理局开展管理工作
英国	国家公园管理模式，利益相关者能够影响国家管理决策
澳大利亚	属地自治管理模式
日本	可持续发展管理模式

综上所述，近年来的各个国家的国家公园管理模式分为四类：以树立国家认同为核心的中央政府管理模式、以自然游憩娱乐为驱动的协作共治共管模式、以自然保护运动为发端的属地自治管理模式和以自然生态旅游为导向的可持续发展管理模式。

然而在土耳其，针对土耳其格雷梅国家公园，它虽然是一座天然形成的国家公园，但是，土耳其政府依然给予国家公园非常多的管理保护。

土耳其已经形成了一套国家公园体系，从最早的 1958 年设立的两大公园（约兹加特·卡姆利吉国家公园和卡拉提佩 – 阿斯兰塔斯国家公园）开始，截至 2008 年，全国已经有 39 处国家公园，覆盖国土面积 8778 平方千米。其中，有一座国家公园是七湖国家公园，它由 7 个堰塞湖组成，以该公园为代表的用地系统是土耳其国家游憩用地系统，它由国家公园、自然公园和森林游憩用地组成，每年接待约 1500 万国内外游客。国家公园与野生动物保护局管理这些游憩资源，并负责旅游基础设施的开发与维护。

从国家层面分析土耳其对国家公园的管理模式。土耳其林业部负责管理和保护土耳其国家公园的发展。土耳其国家林业部下面分设中央机构和野外机构两大机构，中央机构负责统一管理，而野外机构是对其中几个省的国家公园进行管理。土耳其国家林业部分为以下几个局：造林和水土流失控制总局、森林和乡村事务总局、国家公园和野生动物总局以及林业总局，其中，国家公园和野生动物总局就是专门保护国家公园以及提供相应帮助的政府机构。特别需要谈到的是土耳其的林业政策。在它的《森林法》当中规定：进一步扩大国家公园、自然保护区、天然公园、保护林及其他保护区的面积，

---

① 资料来源：张媛利. 国家公园管理体制探析 [J]. 读书文摘，2016，(35)：18-18.

对这些具有特殊自然价值及文化价值的林地采取更有效的保护性经营措施。①
这说明，土耳其国家政府非常重视保护林业资源。

土耳其本身拥有非常丰富的自然资源和文化资源，资源保护已经从政府
保护发展到全民保护文化遗产，有诸多机构和组织参与其中。

根据以上信息判断，土耳其林业部对国家公园进行统筹管理，并且全民
一起保护遗产，笔者认为土耳其国家公园的管理模式是中央政府管理模式与
协作共治共管管理模式相结合的方式。

四、充分发挥土耳其旅游业优势

土耳其的旅游业比较发达。格雷梅国家公园被评为世界上最值得去的 10
个国家公园之一。根据全球经济指标数据网（trading economics）网站所提供
的数据绘制 2019 年土耳其旅游收入图，见下：

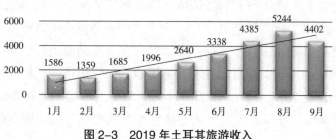

图 2-3　2019 年土耳其旅游收入

资料来源：根据 trading economics 网站数据整理

从这个统计图可以看出，土耳其在 2019 年的旅游收入是逐月增加的。下
图为土耳其外国游客入境人数年率的统计图：

---

① 中国驻土耳其大使馆经济商务参赞处. 对外投资合作国别（地区）指南——土耳其 [EB/
OL]，2014：2-5.

图 2-4　2019 年土耳其外国游客入境人数年率统计图

该图是土耳其外国游客入境人数的同比年增长率。从图中可以看出，土耳其 2019 年旅游入境人数趋势是一直在增长的，土耳其旅游业在 2018 年强势复苏。

格雷梅国家公园是一座非营利性的国家公园，没有售票处，没有大门，是一座全方位开放式公园，来游览的游客络绎不绝。作为 1985 年被评为世界文化遗产和自然遗产的双重遗产的国家公园，土耳其政府十分重视对自身旅游资源的利用，充分发挥该国旅游业的优势。

特别需要说明一点的是，在 2018 年，土耳其旅游业强势复苏与中国游客有密切的关系。土耳其官方媒体阿纳多卢通讯社报道，2018 年上半年访问土耳其的中国游客人数达到了 19.1 万人，同比增长了 91%。究其原因，其中一个因素虽不起眼，但不可忽视。2018 年在中国一首爆火的流行歌曲《带你去旅行》为土耳其增添了许多神秘色彩，让一部分充满浪漫想法的中国游客产生去此地旅行的愿望。所以，在与其他因素共同作用下，根据携程的官方统计数据显示，在 2018 年 8 月 12 日 -14 日，对"土耳其"这个关键词的搜索，流量猛增 150%。可以看出，中国游客对土耳其旅游业的发展贡献了较大的力量。

综上所述，土耳其的旅游业收入是其国民收入中比较重要的一部分。一方面，国家十分重视，把它摆在一个非常重要的位置；另一方面，土耳其因其独特的宗教文化被世界所知晓。2019 年入境土耳其的外国游客增长，特别是中国游客的旅游热情在 2019 年并没有消减。土耳其应该更加充分地发挥旅游业的独特作用，进而为其经济助力。

五、旅游资源的开发

土耳其格雷梅国家公园在土耳其国家历史文化中，甚至在联合国教科文组织中占据比较重要的地位。所以，合理开发旅游资源，也是土耳其政府考虑的事情。

5.1 政府通过多种方式助力旅游资源的开发

首先，从政府立法方面来讲，政府颁布了很多促进旅游业发展的法律，比如《旅游促进法》《关于文化和自然资产的表面研究、钻探和挖掘工作的指令》等等。在土耳其建国之初，就在相应的领域制定了开发旅游资源的法规，以及企业进行投资应该遵循的法律。1953 年，土耳其政府颁布《旅游鼓励法》（第 6086 号），该法规定：对本地和外国投资者开放旅游业，并提供包括信用体系和税收优惠在内的各种激励措施。土耳其直辖市和基金会银行于 1953 年得到授权为国内旅游企业提供信贷资金支持。1954 年，政府颁布《鼓励外资法》。1955 年，土耳其旅游银行正式成立，它的作用是为私营部门旅游投资提供信贷，以及为私人项目提供技术援助。通过政府以上一系列政策的支持，对旅游资源的开发起到推动作用，随即旅游业发展也越来越好。以下是 2010–2018 年旅游业收入及接待外国游客收入以及相关变化比重统计表。

表 2-2　2010–2018 年旅游业收入及接待外国游客收入以及相关变化比重统计表

	旅游业收入（千美元）	同比增长	接待外国游客的收入（千美元）	外国游客的支出占旅游总收入比重
2010	24 930 996		19 110 003	77%
2011	28 115 694	13%	22 222 454	79%
2012	29 007 003	3%	22 410 365	77%
2013	32 308 991	11%	25 322 291	78%
2014	34 305 904	6%	27 778 026	81%
2015	31 464 777	–8%	25 438 923	81%
2016	22 107 440	–30%	15 991 381	72%
2017	26 283 656	19%	20 222 971	77%
2018	29 512 926	12%	24 028 311	81%

资料来源：根据土耳其统计局相关数据进行整理

从上表可知，近 9 年土耳其的旅游收入在波动中上升，并且，外国游客的支出在土耳其旅游业收入的比重始终维持在 70%~80% 之间，占据非常高的比重。表 2–2 中显示，在 2015 年、2016 年旅游业收入下降较大，其中原因，由于土耳其国内接连发生恐怖活动，以及国内政局的不稳定等其他因素，使得土耳其旅游业在这两年遭受重创，但是，从 2017 年开始，土耳其旅游业发展状态开始回升，持续保持增长态势。在政府的大力支持下，促进了外国游客来土耳其旅游，继而增加了土耳其的旅游业收入。

其次，政府为了推动旅游业发展，单独设立了土耳其共和国文化旅游部，对旅游业进行规范化管理，同时还引入许多社会组织一同进行管理，比如土耳其旅游推广和发展机构等等。政府的一系列措施，为国家公园的开发提供了强有力的后盾。

5.2　宣传国家公园的方式多元化

5.2.1　利用现代网络进行宣传

在土耳其共和国的文化旅游部的官网上，有专门对土耳其各个国家公园景点的详细介绍，其中在热门目的地的内容里面，对卡帕多西亚地区的景色进行了重点介绍，排在第一位的是格雷梅博物馆。在该内容里主要介绍了该地区的历史的变迁，它是基督徒圣所，是文明的十字路口，又是自然与人文的独特遗产。在官网上的旅游网站的界面当中，有一篇文章《在土耳其附近的 5 个神圣的目的地，可带您进入圣诞节精神》列举了格雷梅国家公园的另一处比较有特点的景观，即对卡帕多西亚的地下城市进行介绍：该地区最大的开放城市是德林库尤，它可以将卡帕多西亚的 40 个地下城市连接起来，完整的景观好似人类可以在里面安稳地生活一辈子。该地起初是人们用于逃避罗马人迫害的避难所，现在，却成为了该国的文化财富。

只要你在土耳其的官方网站上进行查询，关于格雷梅国家公园的不同景点、不同文化的介绍，都可以查到。虽然它是一个面积较大的国家公园，但是在进行宣传时，旅游部门充分从各个方面宣传景观的不同的特点，并且利用互联网技术，加速信息的传播速度，让游客对景点的体会更加具有真实感。

5.2.2　与他国开展商业合作

以中国为例，土耳其以景色和文化为依托，吸引更多的中国游客来到土耳其旅游，来到格雷梅游玩。比如：在湖南台自制综艺节目《妻子的浪漫旅行第三季》当中，节目组来到土耳其，来到卡帕多西亚，来到安纳托利亚高原，就是为了坐一坐土耳其的热气球，看一看卡帕多西亚的奇石林。通过明星效应传播，吸引中国观众到此处旅游，这是土耳其与中国合作中比较成功的一次宣传。

5.3　多样游览方式，增加旅行乐趣

由于格雷梅国家公园占地面积较大，景观分为不同区域，各有历史文化特点。所以，游客若想能够穷尽游玩的乐趣，必以自己较为舒心的方式进行游览。格雷梅公园有三种不同的游玩方式：开沙滩车游、徒步游以及报名公园外的一些小团旅游的项目。徒步游，可以让游客更加贴近景观，感受其美；开沙滩车，可以让游客尽览全景，游览完整个公园；而参团由导游带队进入该公园游览，可以领略其历史文化的底蕴。通过这些不同的方式，让游客体验到游览的乐趣。

5.4　带动周边城镇的服务业协同发展

格雷梅国家公园的周围聚集着一些城镇，格雷梅小镇位于诸多小镇的中心。它的名字来源于希腊语，意为看不见的地方。格雷梅小镇是游客的集散大本营。小镇为游客提供餐饮住宿服务，这里最有名的是洞穴酒店，它外观虽然其貌不扬，但是内部陈设却十分温馨，且价格较为适中。

由于该公园的客流量较大，所以，在该小镇停留的游客也是络绎不绝，这为当地的居民提供了就业与收入来源，带动小镇的发展。

综上，旅游资源的开发，需要的是因地制宜，多维度开发，并且针对旅游资源本身，采用不同的方式进行宣传，方可物尽其用。同时国家公园的开发离不开政府的支持，中央政府与协同治理单位在资源开发上相辅相成，相得益彰。

六、环境可持续发展问题

格雷梅国家公园是喀斯特地貌，为亚热带草原气候，冬雨较多，年均降水量 300mm，内陆地区较为干旱。该公园多经风蚀和流水侵蚀，导致该地景观环境较为脆弱。这是该地环境较为脆弱的自然原因，同时，人为原因同样

不可忽视。

阻碍该国国家公园的可持续发展问题当中，环境问题是较为核心的问题。

6.1 空气污染较为严重

土耳其在工业快速发展的同时环境污染严重，最突出的就是空气污染。

6.2 生物多样性受到破坏

土耳其的生物多样性非常丰富，它拥有许多特有的动植物，而且，每个区域都由不同的微气候区和生物地理区组成。但是，由于近年土耳其重视发展经济，破坏了动植物生存环境。例如：在卡帕多西亚地区，人们被这里肥沃的土壤吸引，在此地建设公共设施，开垦农田，世代生活在这里。这里的土地养活了约 1 万人，但是，这样的行为却对当地生态环境造成了破坏，进而破坏了生物多样性。

6.3 过度捕捞，水污染较为严重

土耳其统计局显示，该国特别受欢迎的鱼类在 2012 年的产量下降了28%。再者，土耳其本身就不是一个水资源丰富的国家，水资源分布不均衡，工业发展带来较为严重的水资源问题。

针对近些年土耳其面临的比较突出的环境问题，政府推出了一些解决措施：

（1）政策上，国家制定第十个发展计划，主要目的是促进可持续发展和土耳其可再生能源部门发展，促使政府对环境问题严格把控，严格按照《巴黎气候协定》、欧盟环境质量标准，把控生产项目，控制环境问题，并且加强开发可再生能源，尤其是风能和地热能。

（2）技术上，国家极力引进清洁技术。引进清洁技术的实体单位得到了清洁技术资金会（Clean Technology Fund，CTF）的支持，并且食典信托基金为清洁技术注资，使其可以继续运营下去。

以上只是土耳其政府在环境的可持续发展的问题上采取的部分措施。在土耳其共和国文化旅游部的官网上明确指出，政府部门对固体废物处理设施、污水收集管线或网络项目、废水处理厂系统等出资进行技术支持和经济援助。政府明确规定，对于格雷梅国家公园地区由人为造成的固体垃圾的废弃物等，由政府相关部门给予资金支持进行处置。这样的举措能够鼓励当地企业更加

注重生产的环保性，注重生产的效率，以及生产的可持续性，从而有利于国家公园的环境问题的改善，甚至是该国的环境问题的改善。

七、对我国的启示与借鉴

在国家"十三五"规划中，我国首次提出"国家文化公园"的概念，旨在加强对我国独特文化遗产的保护。比如大运河国家文化公园、长城国家文化公园等等，都是中国五千年丰富历史积淀的文明成果。中国在建设自己独特的国家文化公园时，可以借鉴土耳其的经验。

7.1 完善相应的旅游和环境法律体系

在土耳其，政府十分重视旅游业与环境保护。近几年土耳其正在加快推进加入欧盟的进程，它自身的经济发展程度，以及环境问题是否达标，都需要政府进行考虑。旅游业收入是土耳其一项非常重要的收入，土耳其自然与文化的双重遗产是国外游客到此处的重要缘由，所以，土耳其政府颁布相关的促进旅游业发展的法规，土耳其旅游促进与发展局颁布的第7183号法律法规促进旅游业的发展，并且，文化旅游部对旅游业发展有奖励。土耳其的环境问题，是因为工业发展所付出的代价。为此，政府在保护环境方面，首先加入了对项目进行环境评估的方法，还不断地开发新的可再生能源，助力环境改善。

中国政府同样十分重视新建国家文化公园的环境问题，国家文化公园法律法规已经进入起草阶段。保护文化公园是一个系统的工程，中国政府可以借鉴土耳其政府对环境保护的标准，借鉴对旅游产业的奖励措施，为保护我国国家文化公园提供坚强后盾。

7.2 凸显"文化"精神，彰显人文底蕴

土耳其的世界遗产或多或少都带有基督教文化、伊斯兰教文化的缩影。例如：在格雷梅国家公园中，很多旅客在推荐中一定会提到格雷梅天然博物馆，当地的一日游的导游也一定会讲解它的文化历史，在相应的网站宣传上，也会更加倾向知识性宣传。若是没有了这样的宣传内容，就会像一些游客的

评价"只是石头，剩下的就是遐想"，留下缺憾。

中国历史源远流长，国家文化公园都有丰富文化内涵，不仅可以让老人回忆历史，让青年人铭记历史，让儿童了解历史，更可以起到传承历史的作用，更能凸显"人文情怀"。

7.3 开发不同的旅游方式，丰富行程安排

土耳其格雷梅国家公园占地面积较大，游客一天无法游览完整个的公园。再者，该公园是免票的，所以政府为了整个公园的运作，开发了不同种类的游览方式——开沙滩车游，或者徒步游览，再或者报名一个小团旅游。不同的旅游方式便于游客灵活选择，这也是中国国家文化公园可以借鉴的。

在中国，文化公园的面积可以有大有小，也可以根据地形不同，确定公园的面积占地。针对不同文化公园的特点，开发不同的旅游方式，可以给游客带来不同的游览体验，同时，对经营有帮助。

7.4 为国家文化公园的发展提供相应的技术、资金支持

在土耳其，国家公园的发展离不开政府的支持，政府对旅游发展提供技术与经济支持。此外还有投资基金对相关项目进行投资。

在中国，政府同样可以向这些文化公园提供相应的支持，引入企业进行投资，联合控股，引进较为先进的技术，提升公园的管理效率。

综上所述，土耳其对国家公园的管理与开发经验，对中国新建的国家文化公园的管理、运营以及开发的模式，具有借鉴意义。

八、总结

土耳其格雷梅国家公园是一座自然与文化遗产双重的国家公园。土耳其独特的地理位置，格雷梅国家公园的丰富历史文化，以及该国政府对国家公园遗产的管理、开发以及保护，为中国的文化公园的建设提供了学习榜样。既要金山银山，也要绿水青山，更好地贯彻科学发展观，让我们的未来可以发展得更好！

第三篇

意大利五渔村国家公园

一、"世外桃源"五渔村

1.1 五渔村是意大利著名的世界文化遗产

意大利是一个有着地中海风情的国家，拥有悠久的历史和博大精深的文化内涵，拥有众多的遗址。这其中就有意大利的著名文化公园五渔村。它是意大利著名的世界文化遗产，整体来看风景优美，格调独特，位于利古里亚大区拉斯佩齐亚省沿海岸地区，是意大利著名的世界文化遗产，因为拥有十分独特的地理环境和优美的村镇容貌吸引着来自世界各地的游客朋友们。

五渔村俯瞰着地中海的北岸，由韦尔纳扎、科尔尼利亚、马纳罗拉、蒙特罗索及里奥马焦雷这五个村子共同构成。五渔村沿着地中海海岸线而建立，背靠亚平宁山脉，从远处看仿佛就像一座依山而建的巴伐利亚天鹅堡。为了促进当地经济的良好发展，推动五渔村的旅游市场，能够让五渔村优美的风景走向世界，当地的政府完善了附近的交通设施，包括铁路、渡船和徒步小路。这样就可以把五渔村的五个小镇连接起来。

一条长长的徒步线贯穿着五渔村的五个村子。前来游玩的游客从海岸边出发，穿越附近的树林，让游客有一种探险的神秘感。树林中长满了郁郁葱葱的树木，还有人们叫不出名字的各种昆虫时不时地飞过，给整个树林增添了活力和生机。

五渔村国家公园的占地面积为 4300 公顷，是意大利境内面积最小，但同时也是人口最为密集的国家公园。在五渔村日常居住的一共有 5000 人，分布在这五个渔村中。五渔村由于处于亚平宁山脉与地中海的交接位置，地形复杂。五个村镇呈南北狭长式布局，南北长约 20 千米，东西宽最窄处约 1000米，最宽处约 5000 米，整体呈北宽南窄，总面积约 50 平方千米。西侧濒临地中海北侧的利古里亚海域，海岸崎岖，多为峭壁，有少量平坦海滩，潮汐水位变化不大。东侧及其腹地地势陡峻，多为高差变化较大的丘陵山地。[①]

1.2　五渔村的气候和地势适合葡萄、橄榄等经济作物的生长

五渔村属于地中海气候区，这里夏季干热，冬季温润，非常适宜葡萄、橄榄等经济作物的生长。这里的耕地资源比较匮乏，以山地为主，它的农田多为山地中开辟的有限田地。通过数代村民们的不断开发，丘陵地区逐渐被改造成了具有农家特色的梯田，当地的人们用石材加固梯田的边缘，形成了共计约 6729 千米长的矮石墙。为了让石墙更加牢固，在石材空隙内灌注了泥土，使之构成了局部平坦的狭长耕地，十分适宜葡萄、橙子和橄榄树这些植物的生长。五渔村拥有清晰的产业特点，围绕着当地的植物原料形成了一条特色的产业链，用当地产的葡萄来酿造高附加值的中高品质葡萄酒，用当地盛产的橄榄做成调味品和橄榄油等。随着当地农业的不断发展，由之带动的餐饮、手工艺品等特色旅游服务业越来越繁荣，成为当地经济收入中较为重要的一部分。

1.3　"生命女神"是五渔村的守护神

"生命女神"圣母玛利亚被当地的人们称为守护神。圣像在一座坐落于半山腰上的欧洲建筑风格的教堂内。五渔村里的人们都十分虔诚地敬奉圣母玛利亚，这里每天都会有许多村民去教堂向生命女神祈福祷告。每当复活节来临，五渔村的村民们会全部聚集到教堂前，参加一年一度的赞美圣母玛利亚的宗教庆典，以此来表达他们对圣母玛利亚的尊敬和对来年美好生活的期盼。

1.4　拥有整体外观依然保存完好的维纳察城堡

在山脚下，拥有一座整体外观依然保存完好的城堡——维纳察城堡。从城堡的里面向外看去，人们就可以十分清晰地看到圣彼得教堂，它是利古里亚地区哥特式建筑的典范。由于当地气候、环境的影响，再加上时间有些久远，整个教堂有些破旧，外面的墙略显斑驳，但是它的整体外观依然保存完好，展现出它典雅的气质。伴随着五渔村旅游业的发展和五渔村国家公园地

---

① 贾艳飞. 以意大利"五渔村"为例解析山地村镇的特色营造 [C]. 中国科学技术协会. 2013：10.

位的提升，当地村民也越来越注重对这里古老建筑和环境的保护。

1.5 引人注目的五彩斑斓的建筑

这里建筑的颜色是五颜六色的。传说在以前，由于这里的村民主要以打渔为生，每家每户的妻子因为思念外出捕鱼的丈夫，特意将房屋粉刷成亮丽的色彩以便丈夫在远处就能够看到自己的家，久而久之，就成了今天这样色彩斑斓的建筑群。这里的建筑一家接一家的紧密相连，依照当地的地势建造在海边，具有当地特色的起伏美。五渔村中的每一栋建筑都拥有自己独一无二的色彩，紧挨着的两栋建筑绝不会是同一种颜色，远远望去，仿佛一个五彩缤纷的儿童乐园。这一栋栋涂满了记忆色彩的建筑，粉刷成了回忆的墙，寓意了家庭和睦、夫妻恩爱的美好情感。

1.6 轻松且风景优美的徒步小路"爱之路"

五渔村在成为国家公园和世界著名文化遗产之后，为了前来这里游玩的游客朋友们能够十分便利地游览这五个村子，当地政府除了修建便捷的火车站和渡船码头外，还修建了一条徒步小路。后人将里奥马焦雷和马纳罗拉之间的一段小路称之为"爱之路"。这段路是整条徒步线路中最轻松且是风景最优美的一条，为了配合周围的自然景致，营造出浪漫的气氛，建设者在这条步行不超过30分钟的路上花了不少心思。游客们徒步行走在这条小路上，可以感受当地大自然的温暖，得到放松。在道路的起始两端有一扇铁门，门上挂着的是象征爱情的心锁，隧道出口还有一对寓意爱情的被雕刻成亲吻剪影的石椅，来自世界各地的许多情侣到这里拍照留念。沿着这条"爱之路"的两边，一侧是为保护游客安全而修建的十分坚固的窗户，向外可以看到优美的海景，另一侧是前来游玩的人们的任意涂鸦和挂满祝福语的卡片，在蔚蓝的大海和温馨的村镇背景下伴随着海风十分具有美感。

五渔村的村民们十分淳厚，为人热情友爱，一直过着世外桃源般的生活。来自世界各地的游客们穿过这条无限爱意的小路时都会不由地心生敬意，感叹这片村庄的纯洁和不染，敬佩当地人为保护他们传统的村落作出的努力。正如五渔村入选世界文化遗产时，专家们给出的赞誉："这是一处具有非凡价值的文化遗产，它体现了人与自然的和谐共处，由此孕育出的非同寻常的自然美景昭示给人们的是一种延续了上千年并仍在继续着的优美。"也正是因为五渔村这样的内涵，让无数深处大都市的人们在这里感受到了另一种无比宁静的舒适感。

二、发展历史

2.1 五渔村的起源

五渔村又名五乡地、五村镇，拥有悠久的历史，发现早于罗马时期的居民生活遗址。有关五渔村记载的最早历史文献要追溯至 11 世纪。正值热那亚军事霸权期间，首先有了蒙特罗索和韦尔纳扎两个城堡，其他城堡村庄则出现稍晚。渔村一般是伴海而生的，也正是因为它不一样的地理位置，承担着记录沧海桑田世事变迁的重任。16 世纪时，为了抵御土耳其人的进攻，当时的居民加固了老堡垒，建立了新的防御塔。从 17 世纪起，五渔村开始衰落，直至 19 世纪才有所好转，这要多亏了拉斯佩齐亚军工厂的建成以及热那亚和首都间铁路的开通。在 1997 年，五渔村因为具有优美的乡村环境被联合国教科文组织列入世界文化遗产名录。1999 年，五渔村又被政府开发成为国家文化公园，美国国家地理杂志曾评价五渔村为"世外桃源"。

2.2 村镇的建设

2.2.1 蒙特罗索

蒙特罗索位于最北端，河流入海口处，形成了一个天然海湾，由于地形限制，村庄集中在两个山谷地区之间，民居及公共建筑多为二至五层的多层建筑。这里一共拥有居民 1500 多人，占地 11.2 平方千米。它是唯一一个拥有真正沙滩的小镇，游客在沙滩上漫步时可以看到一些刻在岩石上的雕像。蒙特罗索除了有一个小的火车站之外，还有独立的公路，外面的汽车可以随意出入这里。客流量多时，这里的公路会被堵得水泄不通，所以如果游玩的人想开车进入这个小镇要根据时间而定。蒙特罗索的命名最早出现于 11 世纪，地处于比萨城邦和热那亚城邦反复争夺的区域。后来通过这里村民的努力，使得农业有了很大的发展，形成了包括小麦、柠檬、葡萄和海洋捕捞金枪鱼等农业产业链，现在这里最著名的要数金枪鱼了，各种各样制作方法的金枪鱼让前来这里的游客们赞不绝口。从 20 世纪 60 年代起，蒙特罗索开始发展旅游业，国内外的大量游客前来这里游玩，因此随之修建了众多旅社、餐馆、酒吧等建筑。

由于早期村镇常年被海盗侵袭，为了保护自身的安全，村民们建造了不少高塔，用于瞭望海盗敌情，同时也作为村民们自己的避难所。圣·乔瓦尼巴蒂斯塔教堂就是其中的一个，作为侦察海盗情形的瞭望塔，它与建于 16 世纪的奥罗拉塔楼，17 世纪的卡普契尼修道院都是村镇中非常重要的建筑，现在也是小镇中著名的旅游景点。

为了保护小镇的原始面貌和该地区的建筑特色，政府对这里的建筑有严格的管控。由市镇建设委员会通过《市镇建筑条例》和《总体规划》统筹管理村镇的建设活动和空间，市镇建设委员会为市镇建设决议提供参考，所有村镇建设规划、变更必须报送建设委员会批准、公示。市镇建设委员会成员是由专业人士组成的，包括土地规划师、地理学者、土木工程师、建筑师和市长，通过共同的专业协作对这里的地区规划进行科学、严格的管控。市政委员会呼吁大家保护生态系统，相关条例要求保护原始的地形、地貌以及生长在这里的植被，小镇中的村民应尽量减少对它们的改造，任何标志、门牌、百叶窗都需要用传统的材料，任何墙体的颜色、框架须与周边环境协调，围栏、围墙也要遵循原始的道路线形。

2.2.2 韦尔纳扎

韦尔纳扎坐落在两山谷之间，整体呈喇叭形，由一条东西向道路分割成南北两个部分，是五渔村中最精致也是最热闹的小镇。韦尔纳扎占地 12 平方千米，地势北低南高，最宽处约 120 米，东西长约 200 米，建设区约 0.8 平方千米。由于地势问题，早年这里经常有洪水发生，为了预防灾害，南北两侧建成了防洪墙。韦尔纳扎拥有一个小港口，港口中停靠着五颜六色的小船，在小港口旁是著名的圣玛格丽特大教堂，港口另一侧临海的岩石上有 11 世纪城堡的遗址。小镇的东端入口处拥有一个公共停车场。这里一共有三个街区，小镇的主街是罗马街，从海边广场直通到火车站。游客可以在罗马街的石路上悠闲漫步，顺便浏览两旁的工艺品小店和餐馆。

韦尔纳扎小镇运用了现代化村镇的布局设计。五颜六色的建筑大多为五至六层，一个接着一个，伴随着道路延展。这里的道路东高西低，整体比较狭窄，直到小镇的西边才变得宽阔。韦尔纳扎中最著名的就是 13 世纪的圣玛格丽特教堂塔楼和多利亚城堡，两座建筑为整个小镇增添了浓厚的历史气息。韦尔纳扎农业比较发达，拥有大量的梯田，种植着柠檬、葡萄等作物。除了参与农业活动外，这里的村民还出海捕捞取得相关的收入。

2.2.3 科尔尼利亚

科尔尼利亚是位于五渔村中间的一个安静小村庄，坐落在一处岩石林立、高达 100 多米的海岬顶端，占有海拔和中心位置的优越性，让科尔尼利亚可以俯瞰五渔村的五个村庄。这个小镇在罗马时期是一个军事要塞，借助它的高海拔可以及时地发现侵袭五渔村的敌人。村镇建筑布局十分紧凑，沿主要道路威盛菲耶斯基街道东西向延伸，形成了一条从 14 世纪修建的哥特式的圣彼得教堂到濒海山崖的轴线。在它的附近是小镇的中心广场。在科尔尼利亚有众多葡萄园散发着的浓浓的果香味。狭窄的巷道和色彩鲜艳的四层小楼是这个古老中心区的特色，薄伽丘的《十日谈》就提到了这里亘古未变的街景。如果人们想到这个村庄游玩，可以选择火车、乘坐电动汽车或者爬砖砌台阶，这里有 377 级砖砌台阶的拉达琳娜，是这个村庄特有的建筑特色，不仅满足了交通功能，也是观赏风景的平台。

2.2.4 马纳罗拉

马纳罗拉村镇处于一条河流的入海口处。河流成为暗河，主街建立在河流之上，整个小镇的构造宛若一个不规则"几"字形。马纳罗拉的规模很小，只有数百个村民，在行政上由里奥马焦雷管辖。马纳罗拉没有大名鼎鼎的教堂城堡，也没有悠闲舒适的海滩浴场，最著名的就是里奥马焦雷和马纳罗拉之间的步行栈道"爱之路"，吸引了许多游客慕名而来。许多情侣们都会来这里，用雕刻或者写字的方式记录自己的美好爱情。除此之外，马纳罗拉的经典全景照也在网上很著名，成了五渔村的代表照。小而温馨的马纳罗拉是人们游玩的不二之选。

2.2.5 里奥马焦雷

里奥马焦雷位于意大利西部拉斯佩齐亚省的一个市镇，位于利古里亚海东北岸的一个河谷地带。这里建筑面积 10.3 平方千米，主体坐落于里奥马焦雷山谷。根据传说，此镇起源于公元 8 世纪希腊逃犯为了逃避东罗马帝国皇帝的追杀，在此避难而形成的。里奥马焦雷最著名的就是五彩缤纷的房屋建筑。整个小镇沿着山势的起伏呈现出错落有致、高低起伏的彩色画面。里奥马焦雷的主街叫做哥伦布大街，是村里最热闹的街道，有些上下坡度，街两旁是各种餐馆、小卖部和纪念品店。走出地下长廊，便是色彩缤纷的主街，街道两边红色和黄色的房屋呈阶梯状起起伏伏状，像跳动的彩色波浪。街面一层全是餐馆、酒吧和纪念品的专卖店，有的地方甚至在路边摆起桌子架起遮阳伞。

里奥马焦雷有一个小码头，时常有渔船和五渔村海上游的客船在此靠岸。码头两侧的山岩上建满了高矮楼房，墙面的五颜六色为码头增添了可爱的气氛。踩着湿湿的石板路，穿梭在色彩斑斓的房屋间，可以得到身体和心灵的充分放松。

2.3 五渔村在历史上有诸多的文化名人

在历史上，有诸多的画家、自然学家和作家等前来造访五渔村，这其中包括英国的雪莱夫妇（妻子玛丽·雪莱著有《科学怪人》）。当年雪莱和他的朋友们乘船来到这里，然后风尘仆仆地在蒙特罗索上岸。他们特意去礼拜了"生命女神"，为他们祈愿祷告，并且沿着悠长的海岸线，品尝了当地独具特色的橄榄油凤尾鱼。

三、遗产保护管理模式

五渔村国家公园属于国家管理模式，采用国家指导、地方自治的原则，由属地政府负责统一管理。为了保证五渔村的生态环境不被破坏，也为了这里居民们可以保持传统的生活习俗，五渔村设置了不同等级的保护区，并对不同类型的保护区设置了不同的限制措施。允许在五渔村海洋保护区内进行的活动如下：

A 级全面保护区

（1）救助、监管和服务活动；

（2）得到经营机构批准的科研活动；

（3）由经营机构管理的游泳场，必须是在对海洋保护区严格监控的基础上确定的场地和配额，位于陆地和海洋之间，只限于游泳和有桨船只，禁止使用脚蹼、鞋和手套；

（4）得到经营机构批准的有桨船只；

（5）得到经营机构批准的有组织的潜水活动，且要定期监控潜水活动对海洋的影响，导游与潜水者的比例不低于1∶5，组织者必须是在本规定生效之日起总部设在海洋保护区的潜水中心。

B级普通保护区

（1）A级保护区内允许的活动；

（2）帆船和有桨船只；

（3）得到经营机构批准的摩托艇航行，但不包括个人所有的摩托艇或水上摩托，航速不得超过5节；

（4）得到经营机构批准的团体摩托艇航行，用于集体运送、团体旅游或潜水活动等，航速不得超过5节；

（5）得到经营机构批准且在指定区域内停泊船只，需以保护海洋环境为前提；

（6）个人垂钓行为，或由在本规定生效之日起总部设在海洋保护区内的相关机构及在该机构内有登记的会员所组织的集体垂钓行为；

（7）由个人或由在本规定生效之日起总部设在海洋保护区内的相关机构及在该机构内有登记的会员所组织的垂钓旅游活动；

（8）得到经营机构批准的使用渔线和渔竿的竞技垂钓活动，仅限于居住在海洋保护区内的居民；

（9）得到经营机构批准的有组织的潜水游览活动，需以保护海洋环境为前提；

（10）潜水活动，需以保护海洋环境为前提。

C级部分保护区

（1）A级和B级保护区内允许的活动；

（2）得到经营机构批准的摩托艇航行，但不包括个人所有的摩托艇或水上摩托，航速不得超过10节；

（3）在指定区域内抛锚停靠船只，需以保护海洋环境为前提；

（4）得到经营机构批准的使用渔线和钓竿的竞技垂钓活动，可面向居住在海洋保护区外的居民；

（5）得到经营机构批准的使用渔网和延绳渔钩的竞技垂钓活动，每人使用的渔钩数量不得超过 70，每船只总共使用的渔钩数量不得超过 200，仅限于居住在海洋保护区内的居民；

（6）航线航行，航速不得超过 15 节。①

四、财政模式

五渔村的管理主要是采取国家指导、地方自治的原则。它由政府进行综合管理，给予资金支持进行整个公园的维护和管理。结合五渔村本身的生态环境，公园内部打造了一些配套的餐饮和纪念品等经营小场所。它的营业收入以公园内的门票、车票收入为主，再加上公园内部配套的附加收入，共同构成了五渔村公园的整体收入。

五、旅游开发利用

5.1 五渔村拥有特色的建筑色彩

随着五渔村的开发利用，五渔村最吸引人的莫过于它五颜六色的建筑色彩。汲取了当地传统颜料特色统一调制的珊瑚色、小麦色、柿色、雄黄、豆青、黛紫、雪青、赤金、白粉色等多样化的色彩和青山、悬崖、碧海交相辉映，整体颜色层次明快跳脱又协调统一，经常作为各大地理杂志和明信片的经典摄影对象。

然而，这一切并非是当地居民的无心插柳。五渔村很早就出台了《五渔村国家公园历史人文景观修复色彩规划——海洋和非人工环境对村镇视觉的影响》《技术执行文件 NTA》和《干涉指引 PN》等。这些文件对建筑立面色

---

① 意大利五渔村国家公园 [EB/OL]，2014-11-20. http://www.docin.com/p-975514158.html，2019-12-15.

彩作出了详细规定,包括:立面色彩遵循维系当地特色(色彩、材质等)的原则,体现整体感知,建立色彩矩阵,一共 16 种基本色调共同形成了色彩绚丽、高辨识度的山地城镇特征。并依据建筑类型、周边环境特点和色彩协调性设定三种干涉手段,即保护和恢复、维护以及更新。[①]

与此同时,五渔村十分关注建筑色彩的细节,当地的政府甚至对门、窗、窗台等小设施都规定了详细的色彩和材质。举例来说,他们规定门要选取深绿色、暗棕色或灰色这些偏深色系的颜色,在材质上不可以使用白色大理石、花岗岩和石灰等材质;停车棚一般来说选取黑色或深绿色,提倡采取木质的材质;对于百叶窗则被推荐选取黑色、灰色或暗绿色,不可以选取偏亮色系的彩色以及花岗岩和陶瓷等材质的材料。

为了保证项目实施的专业性和可靠性,相关部门设立了专业的色彩机构,主要为村民们粉刷房屋提供可靠的技术保证,这其中包括色彩选择、粉刷效果、适当的实施等。对于特殊的具有历史价值的房屋,相关部门会进行详细的调查研究,有针对性地确定设计多种不同的方案,例如原样保护、合理修缮、再设计或者色彩粉刷等。除了这些之外,每年都会有专门的工作人员来五渔村逐户进行督促,保证每一家村民都可以对房屋的墙体进行维修,增强建筑整体的色彩性和视觉享受效果。

5.2 五渔村拥有生动灵活的印象元素

作为具有渔村特色的世界文化遗产,五渔村的地砖和招贴画上都被设计上了各式各样的海洋元素。村民们房檐上挂落的渔网、住户门前倒扣的彩色渔船等无时无刻不在向前来游玩的游客们展示五渔村作为滨海渔村的特质。这里村户的墙壁上印有漂亮的小花,窗台下悬挂着可爱的嫩绿色小植物,在炎炎烈日的照射下与五颜六色的建筑色彩形成十分鲜明的对比,给人一种生动灵活的舒适感。山地村落高低起伏的漫步道,两旁经过精心设计的意大利风情的各色酒馆、餐吧、果摊和特产小卖铺,伴随着酒吧里面传出的轻松悠扬的乐曲,让人们感到身处一个典型的意式滨海山地度假乡村中。

除了这些之外,生动灵活的五渔村还拥有一些具有历史年代感的建筑物

---

① 周思悦,罗震东. 意大利五渔村:一段梦幻的山海吟唱 [J]. 人类居住,2016 (03):36-39.

件，这些历史物件从中世纪保留至今，记录了时间的流逝和世事的变迁。这些具有历史特色的小物件与现代化的酒吧等建筑形式相结合，使得历史沧桑感与现代化活力新旧相得益彰，让人舒适惬意。

美国著名城市规划专家凯文·林奇曾说过："一个可识别的城市就是它的区域、道路、标志易于识别又组成整体图形的一种城市。"在空间环境的整体印象营造上对应到乡村也当如此。正如上面所描述的那样，五渔村就充分利用了雕塑、店头设计、广告牌、信箱、门牌、标识系统，以及包括涂鸦、盆栽、瓷砖贴画在内的房屋装饰等全方位的细部设计和景观小品的布置，营造出滨海度假乡村轻松、惬意、温馨的氛围，并通过各类相似元素的反复出现不断强化对村落特征的整体印象。在具体的设计层面，当地通过总体规划对各类标识和广告牌的尺寸和样式提出了严格的要求，强调与自然及人文景观的和谐，保障了五渔村整体装饰风貌的一致性。

5.3 五渔村拥有众多丰富多彩的特色活动

为了给五渔村国家公园增添活力，这里每年都会举办大量内容特别、种类丰富的特色旅游活动。意大利及周边国家的许多游客被这些活动所吸引，将五渔村作为度假的好去处。这些活动不仅增强了当地人们对故土的热爱，而且也保持了乡村旅游地的新鲜感和旅游业的可持续性，吸引了来自世界各地的游客。

这些活动主要分为三类，包括品质旅程、故土再识（People rediscover themselves and the territory）和自然一统（Managing the territory by safeguarding and enhancing the natural resources）。在第一类活动中，比较具有代表性和延续性的有已经连续举办了 35 届的五渔村国际音乐节和注册过品牌商标的野外山径跑步比赛。这两项具有一定区域影响力的活动目前都吸引了部分狂热爱好者慕名前来。此外年度狂欢节、葡萄酒节、意大利传统节日演出和共享黄金水道的帆船、游泳、快艇、潜水观光课程也为游客提供了不同季节、不同时段、高潮迭起的体验活动。在减少人口外流，重建乡村地方性方面，当地通过五渔村土特产品质评选比赛、土特产节（罗勒、柠檬）知识分享和手作活动、知名建筑师讲座以及五渔村历史照片展等，重新激发村民对家园的热爱以及自主建设的信心和能力。作为国家公园，如何缓解有限资源和社会、经济、审美需求之间的矛盾，实现资源环境的可持续开发和保护也是五渔村关注的重点，政府通过环境保护知识讲座和免费的高参与性的环保教学工作坊，培养下一代关注文化完整性、生物多样性的责任和意识。

在迷人的滨海山地空间营造背后，五渔村还通过立法的形式确定了多元主体参与的乡村治理手段，以此作为保障当地建设和发展的基础。通过问卷、座谈等多样活动，充分鼓励游客、村民等主体作为最重要的旅游利益相关者参与当地规划建设和改造活动。治理过程（包括责任人、财务报表、规划、法规、会议纪要、活动通知等）在专门的网络窗口公开，确保监督机制的高度透明化。

5.4 具有特色的咸鳀鱼罐头和葡萄酒

因海而建的五渔村在历史上主要以梯田种植和捕鱼业为主。若有机会到五渔村村民的家中做客，你一定会品尝到美味的咸鳀鱼，这里的每个家庭都会在储藏室保存这些当年制作的美味来供客人和自家食用。这里的空气也永远弥漫着葡萄酒的香气和鲜味。著名画家雷纳多·比罗利曾在1955年这样写道：在几何学排列的葡萄树上，不久后将看到鱼从海里蹦跳出来。葡萄种植与酿造以及食品烹饪方法是五渔村地区的传统和当地人们生活方式的最好体现，同时也是当地文化的最切实表现。

对于五渔村来说，上千年的葡萄种植改变了整个地区的面貌。过去，这里的农业主要是指葡萄种植，少数地区种植橄榄和柑橘，极小面积的土地用于园艺。在这里处于最高处的土地是茂密的树林，它每年都会产出不计其数的果实、木材和树叶，这其中包括大家都喜爱的栗子。树林中的树叶经过加工后可成为种植葡萄时所需的肥料。在历史上，五渔村的村民会将自己生产出来的农产品交换给内地村民，并且将部分葡萄酒出售给附近的拉斯佩齐亚和热那亚，以此为生计保证家庭的温饱问题。但是这样的农业生产方式并不能完全支撑沿海地区的葡萄酒产业。五渔村地区独特的地形地貌使得其可耕地面积非常有限，这也是为什么葡萄种植产业一直无法获得足够的人力物力投入的主要原因。小面积的耕地也令农业机械化难以推进，这也为种植户带来不少困难。随着环境水平的下降和一些其他不可抗拒的因素，葡萄的产量也越来越低。如今，伴随着国家公园的建立，五渔村地区也在逐步恢复梯田上的葡萄种植。虽然现如今与一个世纪前的面积比是1∶14，但由于效率的提高使得葡萄产量也很可观。

5.5 令人垂涎欲滴的果酱

科尔尼利亚村是这五个村子中远离大海的一个村子，甚至与渔村这个名字有些不匹配，打渔的渔网和渔船在这里根本找不到，取而代之的是满村的果香味。科尔尼利亚村的果酱是每一个来这里的游客必要买的纪念品。

这里的村民们几乎家家户户都会卖果酱，虽然形式和包装不尽相同，但可以保证你一定会满意你手中的果酱，因为每一种的味道都十分美妙。它们都是由当地居民自制而成，健康而且原生态，没有任何的添加剂。来到这里游玩的游客们，百分之九十以上会带走一瓶果酱。至于负重问题，游客们大可不必考虑，因为这个村子是徒步路线结束的位置，可以在较短的时间坐上火车赶往下一个村子。

看到这里有人可能会问：为什么不在科尔尼利亚小住上一晚呢？因为一旦选择居住这里的酒店，第二天从酒店出来时需要经过 500 个台阶才能抵达火车站。作为一个带着行李箱的游客要爬 500 个台阶不免有些残酷，所以在科尔尼利亚村最好的选择就是好好欣赏当地的风景，然后买到香甜可口的果酱乘坐火车转站到下一个地点游玩。

5.6 便捷高效的五渔村卡

为了更好地为来五渔村国家公园的游客服务，五渔村卡应运而生，其中也包含了火车服务。五渔村卡提供的服务内容包括：①进入国家公园内的步行区和服务区。②使用国家公园内的绿色交通设施。③进入国家公园内的多个大自然观察中心和地区博物馆。④以优惠价格参观拉斯佩齐亚市的市属博物馆。⑤行动不便的游客还可使用马纳罗拉、里奥马焦雷和韦尔纳扎的电梯设施。

五渔村火车卡除包括上述服务外，还允许游客不限次数地乘坐莱万托—拉斯佩齐亚中心火车站线路上行驶的区内火车，限二等车厢。

游客可以在五渔村国家公园所属的各个游客接待中心购买到各类五渔村卡。游客接待中心设在五个渔村的火车站及莱万托和拉斯佩齐亚中心火车站内。五渔村卡的相关票价如下：

公园 1 日卡：成人票价 5 欧元，儿童票价 2.5 欧元，老人票价 4 欧元，家庭卡票价 12.5 欧元。

公园 2 日卡：成人票价 8 欧元，儿童票价 4 欧元，老人票价 6.5 欧元，家庭卡票价 20 欧元。

公园团体卡（不超过 25 人）：87.5 欧元。

公园会员卡：3.5 欧元。

五渔村火车卡成人单日票：使用当日至夜里 24 时有效；票价 10 欧元。

五渔村火车卡成人两日票：从第一次使用起算，至第二天夜里 24 时有效；票价 19 欧元。

五渔村火车卡儿童单日票：适用于满 4 周岁且未满 12 周岁的儿童；使用当日至 24 时有效；票价 6 欧元。

五渔村火车卡老人单日票：适用于 70 岁以上的老人；使用当日至夜里 24 时有效；票价 8 欧元。

五渔村火车卡家庭单日票：适用于由 2 个大人和 2 个未满 12 周岁的儿童组成的家庭；使用当日至夜里 24 时有效；票价 26 欧元。[①]

六、社会责任

6.1 带动当地的经济发展

五渔村的旅游产业发展丰富，在世界各国的旅行社都很受欢迎。随着来这里的游客数目逐年升高，不仅仅门票和相关的交通费用收入有显著的提高，与之带来的当地特色农产品和相关的附属品也越来越受欢迎。还有因为旅游而发展起来的饮食、住宿等也发生了较大的提高。当地的人们有了更多的工作机会和发展方向，因此在生活水平上有了很大的提高。

6.2 弘扬美好、舒适的生活理念

五渔村优美的建筑色彩、迷人的日常风光以及一条条宁静的山间小路，

---

① 意大利五渔村国家公园 [EB/OL]，2014-11-20. http://www.docin.com/p-975514158.html，2019-12-15.

让人们在快速的城市生活中得到内心的放松，感受慢生活的闲适。五渔村人民朴实热情的性格，让来这里的游客们感受着不一样的亲切感。五渔村向人们弘扬了美好、闲适的生活理念。

七、安全与可持续发展

7.1 拥有专门用于保护海洋资源的环保艇

由五渔村国家公园和海洋保护区服务机构提供的环保艇主要用来对海洋资源进行保护。投入使用两年来，环保艇每天都要执行多次任务，肩负着对海滨水质进行检测、清理、维护及其他相关配套服务。五渔村海洋保护区从2004年起启用了两艘除污环保艇，分别是 BE12 号和 BE13 号。保护区管理部门通过环保艇的使用，为当地的海洋环境保护提供更完善的服务，更好地保护所管辖海域和海滨的生态特点及环境。

海洋保护区为此还专门配备了专业的技术人员，其主要内容包括：清理漂浮在海面上的固体物、清理沙滩上的物质、监测沿海水域、提供海洋信息、防范有悖环保规定的行为、海上救援等，并且还经常作为支持机构参与海洋保护区的日常维护工作。通常来说，每艘环保艇上配备三名工作人员，包括船长和两名水手。

根据环保条例和海洋保护区的相关规定，环保艇每日进行巡逻和清理废弃物，但不得对保护区的游客和游泳者造成影响和伤害。每艘环保艇还装备了带塑料螺旋桨、功率为 0.7CV 电发动机的小型橡皮艇，主要用于在 A 级保护区内和海滨对游客开放的地区进行环保作业。在进行除污工作和清除漂浮的固体物过程中，需要执行的环节包括：明确该物质的种类、交付岸上处理、将物品转运至事先确定的处理地点、垃圾卸载和符合现行规定的垃圾处理。与此同时，环保艇还要负责监控海洋保护区内的环境和生态水平，防范破坏环境的行为，如非法倾倒、乱扔垃圾等。

环保艇的工作是与当地的海洋管理机构合作，以全透明的形式进行，与当地居民合作，接受社会监督。环保艇每日依照事先确定的航线进行例行巡逻，航线的确定依据主要是海面情况、固体漂浮物的流向以及之前巡逻过程中发现的垃圾较多地区。为此，管理部门还发布了两个服务热线号码，用来接收来自于保护区内居民和其他环保管理机构的相关信息备案。两艘环保艇随时待命，有关的宣传册和热线号码等信息也在国家公园和海洋保护区内予以公布和发放。除上述工作外，环保艇还为保护区的海洋日常维护作业提供协助，特别是在生态和环保领域。在遇到海上救护等特殊情况时，环保艇上的工作人员还会依照相关纪律规定参与救援工作。

环保艇在运行过程中产生的污水和艇上产生的其他废弃物，都由有资质的专业公司进行处理。相关证明文件由环保艇的船长留存。

7.2 拥有设施齐全的防灾减灾措施

因五渔村选择山区中平坦的谷地作为主要聚居点，也是山洪的主要泄洪走廊，导致本地区极易发生山洪、滑坡灾害。山洪是本地区面临的主要威胁，尤其是 2011 年 10 月 25 日的山洪灾害为五渔村带来了重大的损失，留下了惨痛的经验。雨量峰值 150 毫米每小时，500 余毫米的洪水，夹杂大量的泥石和林木碎块，猛烈冲击下游的村镇。蒙特罗索和韦尔纳扎大部分被埋在 3 米高的泥石流里，所有的家庭损失惨重。所幸绝大部分的建筑保持完好，地下室堆满了泥石。清理工作长达一年有余，在一年后爱之路都被关闭。在地质脆弱地区，工程师用铁丝网围栏予以加固保护。

《城市紧急及市民保护规划》用来指导地区山洪、滑坡、暴风雪、林火、海洋风暴及地震灾害的预防和救灾工作，防灾目的是保护市民安全和健康，包括启动机制和干预模式。随着山体灾害的发生频率增加，《规划》提出不同的灾害情景预测，对高海拔处地质状况进行普查，确立"危险区域名录"，建立连续、实时、自动、交互式的地质 – 水文数据库。对脆弱地区进行特别检测，设置铁网缓解设施，提供预警预报。防灾规划秉承"互动和智能"原则，科学布置疏散区和保障设施。同时对受灾居民提供有限度的支持，以自救为主。在防洪规划部分，参考 2011 年 10 月 25 日在极端气候下的水文资料，建设"机械液压排水沟渠"，发挥河流泄洪功能，发掘斜坡的协同功能。分析各种灾害情景，在不同情景下设定应急机制，选择不同力度的救灾模式、民众应急措施和避难场所选择。同时对暴雪、地震、海啸各种不同灾害设定不同层级，如地震设定为三级，依据破坏程度，采取对应救灾应急办法。①

八、总结

五渔村是一个色彩斑斓、悠闲舒适的国家公园。它主要由蒙特罗索、韦尔纳扎、科尔尼利亚、马纳罗拉和里奥马焦雷这五个村子组成。五渔村濒临海岸线，拥有舒适怡人的气候，种植着葡萄等特色水果，并拥有令人称赞的葡萄酒。由于是濒海景点，这里盛产鱼类，有名的鱼子酱是众多游客的最爱。五渔村属于国家管理模式，由属地政府负责统一管理，它的旅游极大地带动了当地的经济发展。当地政府在安全和环保方面也十分注重，包括专门用于保护海洋资源的环保艇和设备齐全的防灾减灾措施等。

① 第二届山地城镇可持续发展专家论坛论文集［C］. 中国科学技术协会：中国城市规划学会，2013：371-380.

第四篇

德国巴伐利亚森林国家公园

作为一个联邦共和制国家，德国联邦政府和各州政府之间始终有着明确的分工，这种分工也一如既往地延续到了对国家公园的保护与建设中。自1970年首个巴伐利亚森林国家公园建成以来，德国已经相继建立了16个国家公园，其中大部分公园以自然景观保护为第一使命，但是在其建立和发展的过程中也渐渐形成了浓厚而丰富的人文特色。由于德国各州政府高度的自治权，其文化公园的建设与保护工作也多是由联邦政府倡议和监督、各州政府独立自主地负责本州范围内文化公园的筹备和发展。因而其不同的国家公园经过几十年的发展，都形成了各具特色的保护风格。其中，巴伐利亚森林国家公园作为德国第一座国家公园，其建设时间最长、历史最为悠久、保护机制更为完善，亦更加值得引为我国国家公园建设工作的借鉴与参考。

一、巴伐利亚森林国家公园概况简介

巴伐利亚森林国家公园位于德国东南部的古城巴伐利亚州，坐落于多瑙河、伯尔默森林和奥地利国界之间，与东部毗邻的舒马瓦国家公园和波西米亚森林一起，构成了欧洲中部最大的整片森林保护区。公园地处温带大陆气候区，又受欧洲独特海洋性气候的影响，使得全年气候温和、冬季漫长而多雪。加之地势起伏较大，从1453米的大瑙秋、1373米的鲁森山、1315米的老鹰峰，到海拔仅有600多米的低缓地形，海拔差异可达800米之多，使得其成为一个天然的动植物物种博物馆。这里的动物除了重新引进的雕鸮、长尾林鸮和渡鸦之外，还包括水獭、松鸡、榛鸡、花头鸺鹠和三趾啄木鸟。此外，仅甲虫就有15种，它们被认为是野生丛林的遗珠，仅出现在极其天然的森林当中。同时它还拥有大片的云杉森林、野生林间小溪和开阔的沼泽地带。

巴伐利亚森林国家公园最大的特色是秉持"让自然保持自然（Natur Natur sein lassen）"的观念，对自然景观的保护永远是第一位的，自建立以来一直致力于减少人类对自然景观的规划和干预，使得其大部分动植物资源都按照其自有的规律天然地生长、繁衍。在巴伐利亚森林国家公园的生态系统中，动植物自然死亡、腐烂的过程被允许保留、并被重点保护在园区中，不受人为清理和干预，无论是动物的尸体还是被风吹折的树木。有些区域甚至完全不再需要人类干预，于是叫做"自然带"。在巴伐利亚国家公园，目前已有72% 的区域属于完全非人为干预的"自然带"。公园计划到 2027 年，该比例将提高到 75%[①]。

同时，为了吸引社会中更多环保志愿者的加入、唤起人们对自然的敬畏与环境保护意识、探索并促进人类与自然和谐共生的相处模式，园区没有全然自我封闭成为彻底的"禁足之地"，而是人性化地为游客规划了绵延 350 千米的碎石小径和近 200 千米的自行车道，配有训练有素的森林导游与国家公园专家负责向游客讲解大保护区的自然环境，同时也为动物提供了开放、安全的栖养露天空地与救助中心，如瓦茨里克—海因体验之路、"矿井与青苔"体验之路、诺伊舍瑙附近的信息中心"汉斯—艾森曼之家"以及诺伊舍瑙附近的动物栖养露天空地等。这些栈道、中心皆依地势地形与植被景观而建，能够保证游客在不影响植被与动物自由生长生息的同时最大程度地接近自然、感受自然，使负责保护建设园区乃至工作区域的工作人员可以与当地自然休戚与共。

1997 年 8 月 8 日，公园进一步将面积扩展到现在的 25 250 英亩，之后又相继加入了富有教育意义的儿童特别游览项目、更趋专业的实物讲解以及极具特色的国家公园文化活动。如今，巴伐利亚森林国家公园已经发展成为以自然保护为主、又具有浓厚环境保护人文气质的综合型现代国家公园。

二、巴伐利亚森林国家公园历史沿革

1970 年 10 月，经过政府、地方政府以及各界环保人士的长期辩论，德国

---

① Steckbrief: Der Nationalpark Bayerischer Wald im Porträt [EB/OL]．https://www.nationalpark-bayerischer-wald.bayern.de/ueber_uns/steckbrief/index.htm，2020-01-18．

在巴伐利亚森林的基础上建立起其历史上第一个国家公园——巴伐利亚森林国家公园，从此以后，德国在不同联邦州相继建立起了十几座各具特色的自然文化国家公园，使得整个德国社会的自然保护理念得到了极大的提升，亦使得德国成为享誉世界的国家公园建设及管理的先驱国家。然而，国家公园建立的过程并非一帆风顺，其中亦有令人无奈的曲折乃至触目惊心的灾难，其发展到如今的规模与地位也绝非一日之功，在各个政府时期、历史阶段，公园管理者和志愿者们都在对其保护与开发模式进行着大胆的尝试和探索，从而使得公园发展的脚步从未停歇。回望历史，从"二战"以来，德国巴伐利亚州政府与当地环保人士就在为公园的建立和筹备作出不懈的努力，经过数代、各界人士及来自世界各地的环境保护志愿者的共同建设，才有了今天我们看到的巴伐利亚森林国家公园。①

2.1 国家公园的酝酿与筹备阶段

巴伐利亚森林国家公园的建立最早可以追溯到第二次世界大战之前。早在 1938 年至 1939 年，巴伐利亚地方政府与环保人士就高调提出，希望通过建立国家公园的方式来保护当地大片的森林资源及珍贵的动植物资源，并作出建立波西米亚森林国家公园的初步规划。然而不久后爆发的第二次世界大战迅速将德国社会各界力量卷入战争，使得建立国家公园的相关辩论与筹备工作被迫彻底中断，并沉寂了相当长的一段时间。直到 20 世纪 60 年代，经过战后 20 多年漫长的经济恢复与发展，德国人民才终于有时间和精力去重新考虑环境保护主义的理念与可行措施，在巴伐利亚建立森林国家公园的提案才被重新提上议程。

1966 年开始，是否建立国家公园、怎样建立国家公园再次在巴伐利亚州政府与环保人士的推动下发展成为一场公开而壮观的社会辩论，许多当地学者与志愿者自发地参与了这场声势浩大的大讨论。此后众望所归，公园的建设进程推进迅速，到 1969 年 6 月，巴伐利亚州政府议会便一致同意，在瑞秋与鲁森一带建立起一个森林国家公园。同年 7 月，德国联邦政府便批准了建造巴伐利亚森林国家公园的法令，同时任命汉斯·比伯瑞瑟（Hans

---

① Geschichte［EB/OL］. https://www.nationalpark-bayerischer-wald.bayern.de/ueber_uns/geschichte/index.htm. 2020-01-18.

Bibelriether）为即将创建的巴伐利亚森林国家公园的第一任总监。10 月，由巴伐利亚州粮农林业部门部长汉斯·艾森曼（Hans Eisenmann）主持召开了第一届国家公园筹备专家委员会；11 月，德国联邦议会正式在国家的层面上通过了建立巴伐利亚森林国家公园的决议。

2.2 国家公园的建立与巩固阶段

1970 年 10 月，由国务大臣汉斯·艾森曼主持，巴伐利亚森林国家公园正式开园，包括巴伐利亚州议会及参议院的领袖们、一些内阁成员以及各界环保人士代表在内的共计 2000 余名来宾出席了开园典礼。在这一年，森林公园的雏形和部分分区——鹿园、猞猁园及病房等都在诺伊舍瑙（Neuschönau）一带建立起来。经过两年的建设，1972 年，世界自然保护联盟（International Union for Conservation of Nature，简称 IUCN）根据国际公认有效准则正式认定巴伐利亚森林公园为符合国际环保准则的德国国家公园。

为了更好地建设国家公园、优化国家公园管理模式并向公众游客提供获取知识和逗留休息的免费服务设施，1972 年 12 月 10 日，巴伐利亚粮农林业部门发布一项建筑竞标，目的是在诺伊舍瑙设计建立一座信息中心。历时近 10 年，这座信息中心终于在 1979 年 11 月 23 日正式落成，并于 1982 年首次对外开放。此后这座高达 44 米、通体由树木建成的信息中心，成为公园里独树一帜的标志建筑。从远处看，信息中心仿佛一个巨大的"蛋塔"，游客可以从地面开始，沿着螺旋状的木质步道盘旋而上，像鸟一样俯瞰整个森林，"蛋塔"内部还设有方便老人、儿童和体弱者参观的轮椅等公共设施，以便为各种参观人群提供完美的参观体验。1987 年 8 月 21 日，国家公园的建设领袖之一汉斯·艾森曼去世，为纪念他的一生为国家公园作出的巨大贡献，1988 年，管理局决定将该信息中心正式更名为"汉斯·艾森曼之家"。

1973 年 7 月 1 日，作为森林公园改革的一部分，在圣奥斯瓦尔德（St. Oswald）正式建立起巴伐利亚森林国家公园管理局，分为国家公园办公室和国家公园森林办公室两个独立运营的部门，合并了之前参与国家公园规划与建设的五个森林办公室。汉斯·海因里希·范格罗（Hans-Heinrich Vangerow）博士被任命为管理局负责人。同年 8 月 1 日，巴伐利亚自然保护法案生效，该法案首次定义了国家公园一词，并初步确立了国家公园保护森林地貌的使命和目标，这一目标在 1974 年 10 月 7 日公园成立 4 周年之际，由汉斯·艾森曼博士进一步阐发和论述。

1979 年 1 月 1 日，巴伐利亚州粮农林业部门发布国家公园管理的新规定，该规定决议撤销国家公园办公室和国家公园森林办公室，改建统一运营的国家公园管理局，其负责人仍然为汉斯·海因里希·范格罗。1979 年 12 月 1 日，国家公园办公室前负责人汉斯·比伯瑞瑟接替了范格罗的位置，领导国家公园管理局直到 1998 年 3 月 31 日。

2.3　国家公园的转折与新时期

然而，一场无人预料的灾难从天而降，使巴伐利亚森林国家公园迎来了一个重大的历史转折，也推动了其终极环保理念——"让自然保持自然"——的最终形成。1983 年，一场雷暴雨将巴伐利亚森林国家公园 175 公顷的云杉连根拔起。面对一夜之间漫山遍野横七竖八的树木，许多环保人士力争将这些地区保留任其自由发展，而不是人为地对枯木进行清理。新的环境保护理念由此形成，这一理念亦得到了国家公园管理者汉斯·比伯瑞瑟以及州政府大臣汉斯·艾森曼的大力支持。正是在当时环保人士的极力宣传及政府的大力推动下，才有了我们今天所看到的原汁原味的原始丛林。①

自此，自然保护政策的方向悄然发生了改变，从单纯的对地貌、植被、动物等自然之物的保护，转变为对自然过程的保护。此后，在德国乃至整个中欧地区，除了对物种和栖息地的普遍保护之外，对自然动态过程的保护也越来越多。然而在 1983 年的那个转折点上，没有人能够确切地预见这一场伟大的自然保护实验的革命性意义。

后来，世界环保人士开始越来越多地意识到，这些动态过程才是环境保护工作的重中之重，它们是生态系统的基本特征，是万物进化的基础。2009年 5 月，IUCN 在布拉格荒野会议上提出了"荒野"的国际标准，并倡议虽然荒野仅占欧洲这个高度发达的大陆的 1%，但荒野也可以由自然的力量恢复成更多的荒野，这才是需要人类进行管理和努力的方向。数十年来，在类似思潮的引领下，欧洲的"荒野运动"取得了越来越丰硕的成果。德国联邦政府和巴伐利亚州政府也在本世纪初通过了《巴伐利亚州国家生物多样性战略》，

---

① Hans Kiener and Zdenka Krenová. "Europe's Wild Heart": New Transboundary Wilderness in the Middle of the Old Continent ［J］. USDA Forest Service Proceedings, 2011.

指出在德国将更多地建立完全自然而不受人类干扰的荒野地区，如国家公园，旨在到 2020 年以前，这样完全由自然统领自然的区域将至少占到德国领土的 2%。

三、巴伐利亚森林国家公园的管理模式

3.1　巴伐利亚森林国家公园的管理责任划分

德国国家公园采取独树一帜的地方自治型管理体系，既区别于北美、俄罗斯、南非等大陆国家公园的自上而下型管理体系，又不同于日本、英国等岛国国家公园的综合型管理体系。德国联邦政府不负责统一管理具体国家公园的建设和发展事宜，由各州政府设立环境部自主地进行规划和保护，包括国家公园范围的划定、管理政策修订及相关法律法规的制定等。联邦政府只负责制定宏观的指导政策和法律法规框架，而州政府最终决定具体政策和制度的实施。因此，德国国家公园体系基本实现了"一区一法"，并在实践中取得了积极的成效。

因而，巴伐利亚森林国家公园也采用地方管理模式，由巴伐利亚州政府下设的国家公园管理局负责所有建设、保护和发展事宜。1976 年，德国联邦政府颁布高度宏观的《联邦自然保护法》（又称《联邦自然保护和景观规划法》）作为德国自然区域保护和管理的基本法规。根据这部法律，巴伐利亚州政府独立自主地制定了《巴伐利亚州自然保护法》，对本州自然保护区以及国家公园的规划作出了更为详尽的规定。巴伐利亚森林国家公园的任务是保护其自然和近乎自然的生态系统，作为中欧和后代的国家自然遗产，保护中欧地区森林茂密的低山脉。应该保证自然环境的力量与植被群落不受人为的干扰。除了作为首要目标的自然保护区外，大型保护区还应有助于促进该地的自然历史、科学知识与环保经验的教育普及。国家公园管理局的工作便基于《联邦自然保护法》《巴伐利亚自然保护法》和《国家公园条例》展开。

从历史的角度来看，对巴伐利亚森林国家公园的管理部门从五个森林管理局到两个独立运营的国家公园管理局和森林管理局，再到合而为一的巴伐利亚森林国家公园管理局，其管理职权的发展趋势大体上是删繁就简、整合统一，以防止不同部门之间职权相互重叠引发的管理效率低下以及不必要的政府开支，提高行政效率，使得公园的保护工作更加凝练、有序、高效以及更具针对性。

3.2 巴伐利亚森林国家公园的所有权界定与法律依据

在德国，森林国家公园所有权的归属不是以公园类型建筑的所有权为划分依据，而是建立在森林所有权归属的基础之上。因此要讨论巴伐利亚森林国家公园的所有权，就必须参考德国的森林所有权制度。大体而言，德国的森林归属主要有三类，一是联邦政府与州政府所有，可统一归为政府所有；二是除政府以外的社会团体所有，如学校、教会、社区等；三是私人所有。巴伐利亚森林隶属于巴伐利亚州政府，因而自建成以来公园的公益属性和教育属性就远超其营利属性。

德国联邦政府有统一颁布的《联邦森林法》，各州也有自主制定但一脉相承的《森林法》。德国森林法律的一个极具特色的地方在于，它强调森林国家公园的生态价值主要在于完整地保留并呈现森林自然演替的过程，包括公园核心区域内发生的各种自然灾害（包括但不限于地震、雪灾、大风、山火乃至森林病虫害等）、树木和动物的生老病死，在不危害游客及周边居民的生命安危情况下，都不得进行人为的干预，以此拉近自然和人们之间的距离，并保护森林的本来面貌。也因此，巴伐利亚森林国家公园受巴伐利亚州政府与德国联邦政府的双重保护，任何法律条款不得阻止国家公园计划的实施，这就给公园的建设和发展提供了相对较大的自由空间。

3.3 巴伐利亚森林国家公园的保护模式

德国对自然国家公园的保护可以主要从宏观和微观两个层面说起。宏观层面，对外，德国联邦政府加入一系列国际公约以践行国际公认的环保任务与目标；对内，由联邦政府统一制定国家公园评估准则敦促各州各国家公园的发展进程。微观层面，由各州设立的国家公园管理局根据现实需要自主招募专业工作人员、实习生、社会志愿者来维护公园的日常运转，并为游客提供更为完善的服务便利设施，寓教于乐，以实现公园的社会教育任务。

具体而言，德国在国际上加入了一系列环保与遗产保护相关条约及协定，如联合国教科文组织于 1972 年提出的《世界遗产协定》《生物多样性公约》《波恩公约》等，通过这些公约的签订，不仅对德国国内国家公园的发展起到一系列约束和指导作用，还为其公园的建设吸引来了许多国际学术合作与交流机会，从而极大提高了德国在环保领域、遗产保护领域以及学术科研领域的国际声望。对内，德国联邦政府亦渐渐发展出统一的周期性的管理质量评估计划，自 2005 年开始，由政府定期召集相关学术界、环保界及公益界人士制定国家公园的评估标准，并对国家公园的现状、趋势以及管理模式等方面进行详尽的评估。这使得政府可以从宏观上把握各州国家公园发展的现状、存在的问题，并由此掌握进一步制定政策的依据。

从微观层面上，公园还制定了完善而丰富的实习与志愿者制度，针对不同年龄阶段、不同群体的游客提供最大程度的服务便利，最大程度吸引社会的注意力、调动全社会资源，达到对公园的保护以及对公众的环保教育的双重目标。根据公园官方网站显示，巴伐利亚国家公园管理局目前拥有 200 多名正式员工，还拥有庞大的、每年更新的志愿者团队，成为该地区最大的雇主之一。有趣的地方在于，根据 2006 年对德国国家公园志愿者群体的一项调查研究显示[1]，驱动国家公园志愿项目的主要力量并不是政府或公园本身，而是出于外界志愿者（绝大多数是受过高等教育的在校学生与社会群体）的需求与意愿。同时，受德国人普遍具有较强的传统森林情节影响，具有较高教育水平的年轻人对专业的森林保护工作，如护林员等职位也表现出巨大的热情，常常出现 1 个护林员职位有上百名应聘者应聘的情况。也就是说从建立到发展，巴伐利亚森林国家公园都极大地传承和保留了公众高度环保自觉且主动推动的特色。

四、巴伐利亚森林国家公园的开发利用

1970 年，巴伐利亚森林国家公园成立之初，其环保主张其实并没有 1983

---

[1] Sina Bremer, Peter Graeff. Volunteer Management in German National Parks—From Random Action toward a Volunteer Program [J]. Hum Ecol, 2007.

年以后那般成熟和占据主导地位，此时政府同意并大力推动国家公园的建设与发展，很大程度上是希望依靠国家公园的开发来刺激当地旅游业的发展以及宏观经济的战后复苏。在公园成立的最初 20 年间，巴伐利亚森林国家公园的确很好地践行了这一目标，它使得巴伐利亚州的入境旅游消费猛增，在德国许多重工业城市的相继衰落之下，直接唤醒了一个新的经济增长点。

2020 年巴伐利亚森林国家公园迎来其 50 岁的生日，历经整整半个世纪的发展，公园在其对外开放的官方主页上将自己的使命与任务高度浓缩地概括为以下五点 [①]：保护、教育、研究、休闲与融入。与之相对应，其开发利用工作亦始终围绕这五大使命展开，与公园的目标相互吻合和促进。概括而言，公园所秉持的发展任务及相应的开发举措主要体现在以下几个方面：

4.1 保护

如前文所述，"让自然保持自然"一直是公园自我建设与发展的座右铭，因而保护自然景观与自然更替的过程是巴伐利亚森林国家公园的重中之重。这包括大型保护区中的森林可以根据自然的规律发展演变而无需人为干预。

公园计划到 2027 年，没有任何人类管理干预的区域比例将持续增长到 75%。这些目标中还包括保护濒临灭绝的动植物和真菌物种，重新安置灭绝物种，保护或恢复宝贵的生物栖息地，例如沼泽、河流或竖井，保护文化古迹和监测保护法规。

保护作为所有目标之首、所有工作的重中之重，对公园的开发利用提出了整体的要求和原则，即所有的教育和示范作用以及人文的参观游览都尽可能地发生在原始丛林的边缘地带、尽可能减少对野生动植物的打扰与荒野领域的开发干预。一切工作都必须在不打扰当地原生自然规律的前提下进行，并需从各个方面贯穿这一原则和使命。

4.2 教育、示范和信息公开

国家公园的建设之所以重要，首先在于其作为一个大型自然保护区的稀有与珍贵性，尤其是在保护自然过程方面，这样的保护区往往发挥着人为种

---

① Aufgaben und Ziele [EB/OL]. https://www.nationalpark-bayerischer-wald.bayern.de/ueber_uns/aufgaben/index.htm, 2020-01-18.

植繁育基地所远不能及的作用。但也正因如此，这样大型的自然保护区亦能够成为对社会、对儿童乃至对全人类而言不可多得的鲜活的教育资源，不仅在于其本身孕育了无数活生生的珍贵动植物群体，亦在于其让生活在城市里的人们有机会直观地深入观察和体验自然更迭的过程。这就要求公园管理者在保护之外，还应以教育为目的、以与自然兼容的方式开发国家公园。

在巴伐利亚森林国家公园，教育的内容不仅在公园本身的自然环境中传播，还通过精心设计的便利的游客设施传递，兼具自然与人文两种教育途径。环保教育自然是公园建立的初心与重中之重，但除此以外，促进公众与社会了解、接纳园内的自然生态并为当地乃至为人类环保事业作出积极主动的贡献亦成为公园不懈奋斗的目标。带着这样的目标与动力，巴伐利亚森林国家公园在人文教育方面亦作出了诸多贡献，主要体现在详尽准确的公园信息公开以及丰富而及时的面向社会公众的互动项目两大方面。

在信息公开方面，公园有其独立而内容丰富的德文官方网页与官方 APP，且网页并非一个徒有其表、乏善可陈的官方道具，而是真正将园区各项信息进行了详尽的梳理，其提供资料之广、信息之细致，使游客、志愿者和研究员几乎都能从中找到自己需要的内容。如在公园历史（Geschishte）一栏，从"二战"时期的公园建设酝酿期到 2000 年初，足足 26 条关键历史时间点全部具体到日，从筹备到落成，从庆典到灾难，事无巨细为所有人呈现出公园建设的每一个时期、每一个转折，为后人对公园历史的研究提供了宝贵的资源。

在社会互动方面，公园官网上常年有着许多趣味性的互动项目，拉近观光客（哪怕仅仅是网站的浏览者）与公园的心理距离。打开巴伐利亚森林国家公园的官方主页（https://www.nationalpark-bayerischer-wald.bayern.de），首先映入眼帘便是滚动呈现的巨幅近期互动活动，如网络评选最可爱动物、最美园区风景的摄影作品，以及针对不同年龄阶段的儿童所设计开发的各不相同的教育游览方案、为徒步或自行车等运动爱好者们开发和推荐的健身参观方案等等。当然，志愿者与实习生的招募项目也是与公众互动的一大方面，所有的岗位、要求、前人经验分享以及园内专家的详尽联系方式也都能循着网页清晰、详尽的索引快速地找到。

自 2011 年以来，国家公园一直为来自弗赖永 - 格拉弗瑙县（Freyung-Grafenau）和雷根县（Regen）两个国家公园区的学校提供独家合作项目。这项福利的共同执行受到严禁合作协议的保护与约束。为了保证教育的质量，其合作范围并没有盲目地扩张，而是将合作院校的数量仅限于十所伙伴学校，包括小学、特殊教育中心或高中。自 2017 年底以来已达到此限制，不再继续扩充，因此，十所学校已与保护区建立了牢固的伙伴关系。不得不说，在学校和保护区之间建立这种长期合作的前提是学校与家庭乃至整个社会的广泛认可与支持。每个合作学校都由国家公园的一名教育工作者监督，该教师与教职人员的长期联系人一起制定和实施一项国家公园教育计划。近年来，这里出现了各种各样的创意项目。作为国家公园学校计划的一部分，每年约有 1500 名学童参加各种计划和运动。此外，国家公园管理局专门为国家公园学校的教师提供高级培训课程，使他们有能力积极配合国家公园的宗旨和目标展开教育工作。①

4.3 研究

巴伐利亚森林国家公园不仅仅是保护巴伐利亚州本地森林资源的杰作，更为全人类提供了一个了解森林内部系统的独特场所。因此，森林的研究价值亦非常重要。除了实现国家公园的保护与展示目标之外，森林公园还为诸多生物生态、地理地质等专业学科提供了天然的野外实验室和数据收集基地。

在巴伐利亚森林公园，高水平的科学研究不仅通过公园自己的员工，而且通过强大的国内和国际合作伙伴网络来实现——数十所大学、研究机构和政府当局与国家公园的专家紧密合作，为当地乃至全人类的科学进步作出了重大的贡献。

在所有科研合作项目当中，森林公园始终坚持两项基本原则：国际性和实践性。②首先，国际性意味着在森林公园内部进行的一切科研活动都将尽可能遵循国际通法、适用国际同行检验标准，这样，在巴伐利亚森林中收集的实验结果所产生的影响就远远超出了德国本身，而是在世界范围内都具有普遍的借鉴和参考价值，这便使得德国一国的公园保护与自然科学研究工作在全球范围内都受到了高度重视乃至得到资金支持。另一方面，实践性意味着

---

① Nationalpark-Schulen［EB/OL］. https://www.nationalpark-bayerischer-wald.bayern.de/ lernort/nationalpark_schulen/index.htm, 2020-01-18.

② Forschung［EB/OL］. https://www.nationalpark-bayerischer-wald.bayern.de/forschung/index. htm. 2020-1-18.

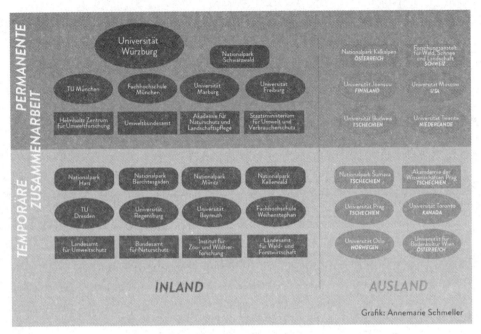

图 4-1　巴伐利亚森林国家公园海内外科研合作机构网络图 [①]

对来到公园的科学工作者而言，以实践为导向的研究至关重要，这不仅包括实验自身的实践过程，亦包括研究结果推广的实践过程。例如，在国家公园中发现和收集的实验结果可以真正帮助其他地区改善经济林中的生物多样性，这些方法由森林公园研究得出、并在其他地区行之有效。

自公园建立以来，无数研究人员得以在这片荒野之上展开实验和研究，得到了较之学院实验室从规模和信度上都不可比拟的宝贵数据。如对森林及其生态如何在没有人为干预的情况下自然发展的实地研究以及在控制变量的情况下各种人为因素是否、以及如何对自然发挥作用的研究等。此外，在传统理工科实验之外，公园也正在成为生态经济学、社会学等各种新兴以及交叉学科的实验场，用以观察自然保护区系统对社会经济和社会生态的影响。如果可能，所有这些研究成果都会在环境保护、具体学科科学、林业实践以

---

① 注：图中左侧深色标注为德国国内科研合作机构，右侧浅色标注为德国境外科研合作机构。

图片来源：Forschung-Netzwerk [EB/OL]．https://www.nationalpark-bayerischer-wald.bayern.de/forschung/netzwerk/index.htm, 2020-01-18.

及教育和公众领域产生深远影响。

值得注意的是，尽管听起来科学研究是国家公园所有开发项目中一个颇具公益色彩的部分，在巴伐利亚森林国家公园的实践当中，科学研究却实实在在地为公园带来了丰厚的第三方资金支持和长久的国际声誉。这是因为许多科研项目和自然保护项目只能通过获得额外的第三方资金来实施，例如从德国研究基金会、联邦环境基金会以及欧盟计划中获得。这意味着资金和专有技术源源不断地流向了巴伐利亚森林地区。50年来，许多著名的研究人员正是在巴伐利亚森林国家公园迈出了他们学术生涯的第一步，即便今天他们已分散在世界各地，但仍与国家公园保持着密切的联系，并反过来推动更多年轻的学者在这里开展科学研究。许多在这里进行过的研究都被收录在了世界主要的生态和自然保护主题的相关期刊上，这意味着在众多世界各地的学术会议乃至学校课堂之中，都少不了巴伐利亚森林国家公园的身影。

"简而言之"，森林公园的管理者自豪地总结道，"全世界都对巴伐利亚森林的研究结果有需求；巴伐利亚森林的自然保护实验为濒临灭绝的物种提供了帮助；大量资金和专有技术源源不断地通过第三方资金流入巴伐利亚森林。"①

4.4　休闲

尽管无数遍提到"让自然保持自然"是公园至高无上的终极理念，但公园并非一个遗世独立的世外桃源，实际上，这片森林对生活在城市中的人们也随时敞开欢迎的怀抱。在严谨的保护与一丝不苟的科学研究之外，让游客能真正亲近自然、在森林中得到休闲和放松进而热爱自然亦是公园的一大建设方向。公园为游客开发打造的便利服务设施从各个方面体现着公园对游客的人文关怀。如前文提到的标志性建筑物之一"汉斯·艾森曼之家"，其高44米、全长1300米的螺旋木梯就是完全原地取材，另有两棵高耸入云的云杉树被环绕其中，周围也保留和簇拥着园内自然生长的云杉树林，既能让游客在盘旋而上、欣赏远景的过程中减轻对高度的恐惧，又使得信息中心的建筑本体与自然的森林融为一体。这样的设计贯穿在公园的方方面面，不胜枚举，

---

① Forschung-Netzwerk［EB/OL］. https://www.nationalpark-bayerischer-wald.bayern.de/forschung/netzwerk/index.htm, 2020-01-18.

皆体现着公园对自然的照顾和关切。

此外，公园还设有由当地碎石随意铺成的步行小径，重点在于让游客在漫步的同时体验尽可能原汁原味的荒野。同样，用于自然历史教育的访客设施也及时更新和补充，以始终保持其时效性和有效性。德国人相信森林与人之间的某种充满爱意且富有艺术性的神秘互动，因而他们在巴伐利亚森林中也认真规划并建立了森林历史博物馆。这样，游客不仅可以在行走和运动中直观地体验该地区的风景植被、地质起源，而且还可以体验巴伐利亚森林中的人类活动历史——从玻璃工业到林业再到保护区以及国家公园的建立。这座博物馆对当地人文风俗、当代历史以及文学和音乐也有令人耳目一新的见解。甚至盲人也可以在舒适的电子扶手椅中聆听讲解音频。同时，博物馆还充分考虑了儿童的特殊需求，修建了可以轻松爬上博物馆三层楼的无障碍楼梯，这也为他们带来了无数探险的乐趣。保护国家公园游客的安全工作也很重要，例如增设国家公园警卫人员和巡视人员。国家公园的入园价格已事先与游客设施中心以及相邻舒马瓦国家公园的管理人员进行了协调，使得国家公园的入园及周边住宿消费始终保持着相当亲民的水平。

除对普通参观游客的保障与人文措施之外，公园也不忘为残障人士提供最好的参观感受。巴伐利亚森林国家公园地处低山地带，经常有陡峭的山坡和狭窄的石质小路。因此，其中的大部分路线都不适合轮椅使用者。秉持着"公园是每个人的公园"的理念，为了给每个人创造最佳的参观体验，在国家公园内，不仅有类似信息中心内部的轮椅及无障碍楼梯灯随处可见的无障碍设施，甚至还为轮椅使用者专门开辟了部分无障碍游览路线，收录在为每位旅客发放的"旅行提示"（也有 APP 的录音版）当中，供游客随时查阅和收听。这就意味着园内展览、餐饮和卫生设施的所有要点都可以供人们毫无障碍地使用。同样在斯皮格劳附近的森林游乐区、诺伊舍瑙和路德维希斯塔尔附近的动物开放区以及植物和岩石开放区，都建立了无障碍通道并在显眼位置进行了标记。现在，在这些标记的帮助下，残障人士或行动不便的游客几乎可以与其他游客一样全方位地享受森林带来的闲适。甚至对于没有充足装备的障碍游客，国家公园中心的停车场服务也可免费提供电动、折叠以及远足轮椅。这一切都为"公园是每个人的公园"的践行提供了强大而完善的支持。

需要注意的是，休闲作为巴伐利亚森林国家公园的五大目标之一，虽然听起来与经济效益、公园营收有着千丝万缕的关系，但实际上，低廉的门票价格以及周边住宿价格，使得国家公园的消费与进入门槛远低于一般的风景区或地标性景点。根据 2010 年马吕斯·梅耶尔（Marius Mayer）、马丁·穆勒（Martin Muller）等学者对包括巴伐利亚森林国家公园在内的六座德国国家公园的一项调查研究显示，在德国，一名游客在国家公园的日均消费仅为 7~13 欧元，而在正常的风景名胜或旅游区，游客的日均消费却高达 28 欧元；对于从外地远道而来的游客而言，加上食宿费用和差旅费用，远途游客游览国家公园的日均消费约在 37~57 欧元之间，而同样远道而来去其他景点参观和周边住宿的日均消费却高达 120 欧元 ①。如此亲民、低廉的价格极大地降低了游客的游览门槛，并使得公园的教育和公益意义更加凸显。所有的门票收入与政府拨款一起，构成了公园的日常发展与建设经费，用于支付员工工资、动物救助及基础设施建设修葺，形成了人文与自然和谐共生的良性循环。

4.5　国家公园融入当地人文生态

经过不懈的努力，德国已成功地将巴伐利亚森林国家公园打造成一个亲民、低门槛、与人类和谐共生的"野外之家"，人人都可以在这里收获休闲和知识。从自然保护区到国家公园的建设，其转变旨在促进森林与当地文化和经济结构相互融合，特别是在对外开放的旅游区，这一融合的趋势更为明显。在德国边境处，公园与捷克共和国的跨境合作以及对当地公共交通建设的努力也得到联邦政府的高度支持，并且作为国家公园的建设任务之一加以推进。此外，未被纳入国家公园内部的森林也受到公园的保护和管理，以保持公园内外整个生态系统的平衡，以及为城市和公园之间提供一个天然的缓冲带。所有的这些都为世界其他地区国家公园的建设与规划提供了高度的参考价值，开发与保护不再是天平的两端，而是可以并行不悖、相辅相成。

作为德国历史上第一座国家公园，也是德国在国家公园建设领域作出的第一次探索和尝试，巴伐利亚森林国家公园管理局的任务和目标亦被载入德国国家公园管理条例的主体部分，为其他德国国家公园的建设与规划提供了更广泛、更深远的指导。

---

① Marius Mayer, Martin Müller, Manuel Woltering, Julius Arnegger, Hubert Job. The economic impact of tourism in six German national parks ［J］. Landscape and Urban Planning, 2010, 97(02).

五、小结

Natur Natur sein lassen，让自然回归自然——对景观的保护交给自然，对公园的管理交给地方。在德国巴伐利亚森林国家公园的建立与发展的历史中，我们可以明显地感受到其浓厚的地方自治特色——范围由州政府划定、政策由州政府制定、运营资金从州政府拨出，联邦政府仅负责政策审核与运营监督——这是与美洲、亚洲、非洲等其他国家乃至其他大陆的国家公园都截然不同的一种管理模式。在这种模式下，公园的维护与发展、保存与开发，地方政府都具有极强的自主性，此外，当地志愿者与环保人士的积极参与也起到了不可忽视的作用。

一方面，对公园管理权力下放的好处在于，地方政府将更了解和掌握公园的保护和建设工作，公园更容易融入当地人文社会，环保理念亦更容易深入人心；但另一方面，这样做的弊端在于，每个州政策不一、统计口径不一，对于国家公园的管理缺乏统一调度的规划性，也给国家公园的宏观管控工作增添了诸多麻烦。当然，2005 年以后设立的德国国家公园统一评估机制在一定程度上抵消了部分弊端，但仅靠一年一度的评估是否能够真正使其监管落到实处，尚无确切定论。另外，这种独立自发的管理模式对于公众的受教育水平和社会环保氛围都有着极高的要求，这需要社会各方面的共同努力，如通过深化教学体系改革强化环境保护在学校教育中的重要地位，通过公益宣传提高公众环保意识和创新精神，通过行政体制改革进一步强化地方政府行使职责的能力，以及在国家层面上建立健全对国家公园的统一审核监察机制等等。

综上，巴伐利亚森林国家公园的成功经验有值得借鉴的地方，也有引入我国后需要进一步完善的地方，这些都需要我们在国家公园的建设实践中不停探索、不停创新，努力打造出符合我国国情的中国特色国家公园。

参考文献

［1］Hans Kiener and Zdenka Krenová, "Europe's Wild Heart"—New Transboundary Wilderness in the Middle of the Old Continent ［J］. USDA Forest Service Proceedings, 2011.

［2］Sina Bremer, Peter Graeff, Volunteer Management in German National Parks—From Random Action toward a Volunteer Program ［J］. Hum Ecol, 2007.

［3］Marius Mayer, Martin Muller, Manuel Woltering, Julius Arnegger, Hubert Job, The Economic Impact of Tourism in Six German National Parks ［J］. Landscape and Urban Planning, 2010: 97.

［4］Bayerischer Nationalpark. ［EB/OL］. https://www.nationalpark-bayerischer-wald.bayern.de. 2020-01-18.

第五篇

泰国暹罗古城公园

泰国是一个极富民族特色、信奉佛教的国家，泰国文化借助泰国旅游业的发展传布世界。在旅游中宣传泰国本土文化，通过旅游景点直观地展现本国魅力。其中泰国暹罗古城公园又被称为古城文化博物馆、古城七十二府，是位于亚洲东南部的"微笑之国"泰国的著名文化公园。暹罗古城公园一改往常人们对于文化博物馆的刻板印象，园内以其与泰国全境极为相似的地形，为前来参观的游客展现了一个"袖珍版的泰国"，同时也是泰国古代文明的缩影。古城公园的性质是私人所有的文化公园，是一座将泰国的著名建筑全部浓缩于此的微缩景观公园。暹罗古城公园的管理模式是亚洲常见的自上而下型，而暹罗古城公园的私人所有属性决定了其经营模式则是由私人运营。

暹罗古城公园在保持其持续性经营的同时又做到了公益性宣传泰国传统文化，不仅仅是国外游客来泰国旅游的必去之处，泰国本国的居民也常常前去参观游览。暹罗古城公园从建设、经营、管理等方面可以为我国建设文化公园提供一些思考和借鉴。

一、泰国曼谷概况

1.1 泰国概况

泰国，全称泰王国，原名暹罗，位于东南亚。东临老挝和柬埔寨，南面是暹罗湾和马来西亚，西接缅甸和安达曼海。官方语言是泰语，大多数泰国人信奉上座部佛教，佛教徒占全国人口九成以上。全国共有 76 个一级行政区，其中包括 75 个府与首都曼谷 [①]。热情好客的微笑泰国，拥有得天独厚的旅

---

① 泰国国家旅游局 [EB/OL]. http://www.amazingthailand.org.cn/Content/Index/shows/catid/120.html, 2019-12-12.

游资源，近年来泰国的旅游业发展迅猛，成为东南亚地区最热的旅游目的国，稳居世界十大旅游市场之列。

泰国现行土地制度以私有制为主体，全国的土地分为皇室所有、国家所有和私人所有三类。政府允许私人拥有土地①，土地所有权也是永久所有权。在土地制度方面，从 19 世纪初开始，泰国传统的封建国家土地所有制逐渐演变成为地主土地所有制②。

1.2 曼谷概况

融合东西方文化、包罗万象的"天使之城"曼谷，不仅是首都，也是政治、商业与文化中心；不仅在地理上位居辐辏点，更是旅游观光的重要节点。曼谷位于湄南河三角洲，昭披耶河东岸，南距暹罗湾 40 千米，离入海口 15 千米，城区总面积为 1568.737km²，全市总面积为 7761.50km²。中心位置坐标位于北纬 13° 45′ 东经 100° 31′，目前人口约 700 万人，湄南河贯穿整个曼谷市，为曼谷市带来了繁荣与商机，曼谷也因此赢得了"东方威尼斯"的美名。曼谷下辖 24 个县、150 个区，主要部分在湄南河以东，共有六个主要工商业区，以挽叻区的是隆路最为繁荣；以王家田广场最大；以施乐姆街最为"洋气"；以中国城 – 华人街市场最为庞大繁华。湄南河沿岸地区，是泰国的政治中心，也是旅游景点密集区；达思特地区，则是泰国新的政治中心。

大米是泰国第一大外汇收入来源，旅游业位居第二。凭借优质的自然生态资源与独具风情的民俗文化，曼谷成为"全球最受欢迎的旅游城市"之一。据泰国旅游局官网统计数据显示，2015 年曼谷旅游收入高达 537.2 万亿泰铢，对泰国旅游总收入（1678.9 万亿铢）的贡献率高达 32%，成为泰国旅游业发展的重中之重，极大地带动了周边城市及外府地区经济的发展③。泰国作为一个极富民族特色、信奉佛教的国家，为何能够吸引全世界不同民族不同信仰的人们前来旅游观光、体验泰国文化，这值得我们探究。

---

① 中华人民共和国驻泰王国大使馆经济商务参赞处. 对外投资合作国别（地区）指南——曼谷 [EB/OL]，2013：6-9.

② 郭华，王秀红. 试论近代泰国地主土地所有制的形成原因 [J]. 滁州学院学报，2011，13（01）：52-53，66.

③ 文婷. 泰国曼谷旅游业可持续发展研究 [D]. 广西大学，2017.

1.3 关于泰国文化公园

泰国现有的公园分为国家公园、自然公园。当文化公园的概念出现的时候，我们要考虑文化公园的属性，根据文化公园的定义，文化公园是以宣传文化为目的的公园。文化公园突出的是人文环境，是人类文化的积累，重点就是表现人文，并未规定文化公园一定是国有制、公益性质的。对于以旅游业为主的泰国来说，展现国家文化特色、传播国家文化的私人公园数量很多，且最知名的几个文化公园泰国政府也大力支持，在泰国国家旅游局官网上进行了推荐，有些已经成为了"到泰国旅游不可不去"的著名景点，例如暹罗古城公园（Ancient Siam）、三头神象博物馆（The Erawan Museum）、真理寺（The Sanctuary of Truth）等，这些私人文化公园对于泰国国家文化的传播能量不容小觑，不仅是外来游客可以通过一个文化公园快速了解这个国家的发展历史、地形地貌、风土人情等等，即使是泰国本土居民也对这样的文化公园心存感激和敬意：它们不仅为泰国人民创造了许多工作岗位，也将泰国文化很好地展现在全世界面前。

二、暹罗古城公园概况

2.1 公园地理位置

暹罗古城公园（The Ancient City 暹罗古城公园），也称泰国曼谷古城七十二府（现已有七十五府）、泰国古城博物馆，目前是全世界最大的户外博物馆。暹罗古城公园在距曼谷 30 千米的北榄府境内，是现代泰国人将本国各地历代有代表性的建筑物或仿造，或原物搬迁于此，在这里可以找到泰国各地最有名的建筑、纪念碑、庙宇的缩小复制模型，荟萃于此城之中而建成的一座人造古城。

暹罗古城公园始建于 1963 年，占地 315 公顷，修建工程异常浩繁，历时 20 年，与泰国国土的形状几乎相同，城内共有 75 处建筑，包括近 50 个府的名胜古迹，故有"小泰国"之称。古城内也反映了泰国古时的优美环境，非常接近过去的状态，森林丰富、新鲜空气、自然美好。虽然古城所在的地方是泰国有名的工业区，不过古城公园却成功成为了保护园区内的绿色风光，呈现出了古色古香的泰国。

2.2　公园理念

为了传承泰国悠久的历史及文化，让下一代人们也能认识以前的泰国，华裔富商列克维里亚芬特（Lek Viriyaphant）先生买下这片土地，创办了古城公园，基于对泰国历史和艺术的热爱，用了毕生的心血把这片广大的土地，设计成泰国国土的地形，并把泰国各地各区的历史或特色建筑，按原比例缩小百分之七十或八十后，原汁原味地重建在这个乐园的各个角落内。不仅如此，他还建立了芭提雅的真理寺（The Sanctuary of Truth），以及离暹罗古城不远的三象神博物馆（The Erawan Museum）。

暹罗古城公园延续了创始者的精神，希望更多人们能了解泰国古时的价值及泰国社会的根源。暹罗古城公园的建立不仅具有经济效益，持续推动区域内的经济发展，而且具有社会效益，为当地居民创造了众多就业机会，将收入分配于社区群众，并让当地民众更能参与其中。

暹罗古城公园的价值不仅仅是一个旅游景点，它还是一个学习胜地，它是学习泰国文化，感受泰国历史的必去之处之一，来到了暹罗古城就像到了泰国每一个府去走过一遍一般。暹罗古城公园的票价一直以来定价很低，据工作人员介绍，低廉的票价仅仅能够支付公园日常的维护修缮费用，这从侧面反映出了公园具有的公益属性。

2.3　公园发展历程

2.3.1　萌芽时期（1963-1972）

建设暹罗古城公园的想法是从泰国经济快速发展的时期萌生的，当时泰国开始全球化，经济发展迅速，但当地的传统文化却渐渐减少。列克维里亚芬特先生看到如此情况，非常注重泰国文化及历史传承的他，积极推动将泰国的艺术及文化保留起来，让下一代人传承。列克维里亚芬特先生于1963年开始建盖暹罗古城，许多建筑物都是被风雨摧毁且无人理会的古迹，随后被迁移到了暹罗古城内。再按照历史考古中说明的样子呈现出来，将最原始的面目呈现给大家。

这些历史建筑物包括：大城珊佩皇家城堡、曼谷皇家城堡、北标佛亦殿、吞武里皇宫大殿，这些建筑物完美呈现了暹罗当时的盛大。此外还有他布宽屋（他万瓦谛王朝时期泰式建筑）、孔坤攀建筑（大城王朝时期泰式建筑）、木屋，还有泰国特别的石头古塔——四色菊石宫、武里南帕侬荣石宫、呵叻披万石宫、素林希空林石宫、猜那杨桃顶佛塔、华富里三尖佛塔、沙缴沙朵戈檀石宫，这些都是泰国东北部最有代表性的建筑。

2.3.2 第二阶段（1973-1992）

建造暹罗古城的第二阶段在列克维里亚芬特先生的指导下完成，他奔波于泰国各地，并不依靠任何人，用累积的经验已经有能力自己画建筑图。他从泰国各地搜寻与泰国历史、人类、文化有关的重要的物品，将其带到暹罗古城来，在专人的照顾下，延续下来给一代人参观。泰国的木屋是以前泰国人聚在一起居住的社区，无论是木屋的材料，或以前的古庙的建设，渐渐被水泥取代，列克维里亚芬特先生把这些难得一见的木屋社区搬迁到了暹罗古城，让泰国的子孙还可以有机会看到原始的泰国。这些建筑包括水上市场、达府帕劳寺大殿、古集城，这些都是以前暹罗人民生活方式的呈现，我们从中可以看到古代人们的习俗、文化。许多木质住所是从泰国各地迁移过来的，包括中部泰式民居群、北部泰式民居群、南邦宗坎寺、玉佛塔。还有一些是在古城公园中建起来的，例如大城司珊佩佛殿、披集婆巴达仓寺门、塔林和剧院。

为了搜集资料建立暹罗古城，列克维里亚芬特先生用了10年的时间在泰国各地奔波，途中看到的、学到的泰国历史文化将他深深吸引，改变了他最初想要建立娱乐场所的想法，而是决定建立一个守护泰国文化历史的地方。不仅如此，在1981年，列克维里亚芬特先生在家人的协助下，又建立了真理寺，鼓励人们去寻找真正的自己。

2.3.3 改进阶段（1993-2000）

这个阶段是列克维里亚芬特先生个人艺术天赋和想象力的展现，这些大部分都是仅存于古城公园的独一无二的原创作品，他将许多泰国文学内的人、事、物融入到建筑中去呈现，这些创作包括：文学雕像园、罗摩衍那亭、达顿隐士亭、四梵修行殿、御舟队、投沙刹亭、孔明亭、二十四孝亭、泰式帆船、普拉苏门山、观音菩萨像和罗汉殿等。这些作品需要花费很长的时间去完成，至今（2019年），罗汉殿也没能全部完工。1994年列克维里亚芬特先生将重担托付给了他的长子帕皮恩维里亚芬特先生，让他来建立三头神象博物馆，收集各地珍贵历史文物，让泰国民众可以看到他们的文化遗产聚集一堂。这些建筑可谓影响深远，如今三头神象已变成泰国本地人来祈福及祈求平安的重要场所。

2.3.4 重建阶段（2001-2016）

列克维里亚芬特先生于 2000 年去世时，暹罗古城也随着时间变得老旧。一直以来都居住在古城的工匠师傅们与先生的后代讨论如何改造暹罗古城。然而要修复古城中的某些建筑花费巨大，不如部分重建。我们今天所看到的，是经过现代工匠细心翻修、保持各个建筑原有风格的古城。此外三头神象博物馆也在 2002 年建设完成，这也是暹罗古城重要的转折点。

2.3.5 成长阶段（2017-今）

现在，作为世界最大的户外博物馆，暹罗古城公园已有长达 50 年的历史，古城内处处可见保护古迹、传承文化的用心。从 2017 年至今，古城内还新建了许多重要性的古迹，无论是彩虹桥、考艾山，还是四梵修行殿，都叙述着泰国历史的美好。

2.4 公园内部介绍

暹罗古城公园占地面积约 1 公顷。它的地形近似泰国的地形，是泰国古代文化的缩影。在古城公园里，游客可在一日之间领略整个泰国风光及风土人情。暹罗古城公园里的区域划分为中部、北部、东北部、南部和苏凡纳布。

走进古城的城门，游人就踏上了"泰南"的土地，这里几座用木头建造，显得古朴简陋的建筑物，没有任何华丽的雕饰，反映的是泰南地区朴素的民族风格和乡土风情。离此处不远有一条小街，街道狭窄，道路两旁店铺一个接着一个，紧紧相连，展现的是泰国佛丕府古代市场的景象。穿过狭窄的街道，走出这座古市场，迎面是一座木头结构的高脚大殿，名叫帕昭舍大殿，这座宫殿完全用泰国上等柚木建成。在古城内有一个叫"甘烹碧府"的水上市场，河面上几条小船缓缓游弋，船上满载着新鲜的水果、蔬菜和海产品等农副产品，船行处不时荡起阵阵涟漪，很有几分水乡的情调。在曼谷王朝拉玛二世王宫的花园中，刻工精细、人物、山水逼真传神的亭台梁柱上，镌刻着许多中国古代人物和山水图案，据说整个花园全部是按照中国建筑风格设计建造的，移入古城的仅是当年花园的很小一部分。在古城"泰国北部"的"呵叻府"，建有一座全部用石头砌成的宫殿，此殿就是闻名全国的披迈石宫，建于公元 968 年至 1001 年间，被喻为"泰国的吴哥窟"，距今已有千年的历史。石宫四周筑有长约 1000 多米的宫墙，墙的四角均掘有护宫河。从宫门有石砌长廊直通内院。院里有 3 座石砌的佛塔，每座塔的四面都有门，塔外塔内的石壁上都精雕细刻着各种佛像、佛教故事，人物栩栩如生，还配以美丽的花纹图案。①

古城内还设有几处农村和市场小景，有身着民族服装的姑娘在农舍里织布、制伞和制作小手工艺品，男人们在田里干农活、采摘椰子，显示泰国乡村和市镇的生活风貌。在特定节日还可观赏到斗鸡、泰拳和民族歌舞等表演。在水上市场和饮食区，游客还可以坐下来，尽情享受泰国美食小吃。

2.4.1 古城公园中部

在泰国历史上，中部地区是泰国的文化中心，并且与"生命之河"昭披耶河（又名湄南河）距离最近，泰国历代的首都都位于此。如今泰国的首都曼谷正处于泰国中部的中心位置，作为完美还原泰国本土面貌的古城公园，其中部是整个公园面积最大、最核心、包含建筑物最多的区域。

中部展现的是泰国首都的景象，共有大大小小 47 个著名建筑，包括：僧侣屋（A Monk's Residence）、戴帽神像（An Image of Hindu Deity with a Mitred Crown）、曼谷皇家城堡（Dusit Maha Prasat Palace）、考艾山（Khao Yai National Park）、昆昌与昆平园（Khun Chang–Khun Phaen Garden）、孔坤攀建筑（Khun Phaen House）、玛哈素拉辛哈那纪念馆（Monument of Krom Phra Ratchawang Boworn Maha Surasinghanat）、华富里三尖佛塔（Prang Sam Yod）、沙缴沙朵戈檀石宫（Prasat Sadok Kok Thom）、木屋（Rattanakosin Dwelling）、大城暗鳳皇家城堡（Sanphet Prasat Palace）、剧院（The Ancient Theatrical Pavilion）、香武里皇宫大段（The Audience Hall of Thon Buri）、钟楼（The Bell Tower）、他万瓦谛佛像（The Buddha Image of Dvaravati Period）、大城宗通宫段（The Chom Thong Palace Hall）、邦拉赞村民纪念碑（The Courage of the People of Bang Rachan）、他布宽屋（The Dvaravati House）、水上市场（The Floating Market）、北标佛亦殿（The Footprint of the Lord Buddha）、甘烹碧烽火台（The Fortified Wall around Kamphaeng Phet）、猜那杨桃顶佛塔（The Fruit–shape Tower）、罗勇

---

① 李清华，李晓辉. 袖珍百科——世界风景名胜纵览：亚洲 [M]，1997.

普拉阿拍玛尼园（The Garden of Phra Aphaimani）、
极乐花园（The Garden of the Gods）、披集婆巴达
仓寺门（The Gateway of Wat Pho Prathap Chang）、
战争纪念馆（The Great Battle of Yuthahath）、达
叻尼迷寺殿（The hall of Wat Nimit）、红统康逸
官（The Kam Yaad Palace Hall）、盖通园（The Krai
Thong Garden）、告解室（The Meditation Retreat）、
北柳城墙及烽火台（The Old Fort and Wall at
Chachoengsao）、古集城（The Old Market Town）、

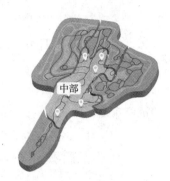

图 5-1　古城公园中部位置

右园（The Palace Garden）、玉佛塔（The Phra Kaew Pavilion）、彭世洛朱拉玛尼
佛寺塔（The Prang of Wat Chulamanee）、罗摩衍那园（The Ramayana Garden）、
尖竹汶红楼（The Red Block Building）、藏经阁（The Scripture Repository）、城
隍庙（The Shrine Housing the City Pillar）、叻培帕西拉纳寺佛塔（The Stupa of
Phra MahaThat）、素可泰宝殿（The Sukhothai Wihan）、中部泰式居群（The
Thai Hamlet from the Central Plains）、佛培素万纳兰寺宝殿（The Tiger King's
Palace）、大城司珊佩佛殿（The Wihan at Wat Phra Si Sanphet）、达府帕劳寺
大殿（The Wihan at Wat Phrao）、信武里婆高东寺佛殿（The Wihan of Wat Pho
Kao Ton）、北碧三塔山口（Three Pagodas Pass）。

　　在公园中部，游客可以了解和学习暹罗时期当地居民的日常生活以及泰
国古代居住在运河旁的人们的生活。

2.4.2　古城公园北部

　　泰国北部古代被称为兰纳王国，美丽的王国。北部拥有只属于自己的独
特的文化，北部的庙宇与其他地方的不同，其中
包括：清迈七顶塔（The Seven-Spired Pagoda）、南
邦金楼（Ho Kham）、素可泰石宫（Noen Prasat）、
彭玛威汗殿（Pavilion of Brahma Vihara）、帕府帕
洛园（Phra Lo Garden）、清莱钟吉谛佛塔（Phra
That Chom Kitti）、素可泰诉苦亭（The Bench of
Public Appeals）、南奔詹他威佛塔（The Chedi of
Cham Thewi）、素可泰拉玛达寺主殿（The Grand
Hall of Wat Maha That）、莲花塔（The Lotus-Bud

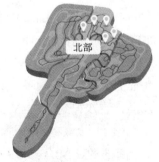

图 5-2　古城公园北部位置

Tower）、素可泰拉玛哒哈哒佛塔（The Main Chedi of Wat Maha That）、程逸佛亦殿（The Mondop Housing Footprints of the Lord Buddha）、北部泰株式民居群（The Northern Thai Village）、清水殿（The Water Hall）、沙孟城佛殿（The Wihan at Sa-Moeng）、难府普悯寺佛殿（The Wihan at Wat Phumin）、清莱清孔寺宝殿（The Wihan of Wat Chiang Khong）、南邦宗坎寺（Wat Chong Kham）。

2.4.3 古城公园东北部

东北部是泰国最大的地区，也是重要的农业区域。东北部气候干燥，旱季雨量极少，因此当地人的习俗多半和上天祈求雨有关。这里的文化多元，人们非常活泼，艺术品色彩鲜艳。东北部的建筑物包括：戴帽神像（An Image of Hindu Deity with a Mitred Crown）、坐禅地（Dharma Center）、他万瓦谛大殿（Dvaravati Wihan）、玛哈沙拉坎古枯佛塔（Ku Khu Maha That）、乌隆南乌沙石居（Nang Usa's Look-Out Tower）、黎府四颂拉佛塔（Phra Chedi Si Song Rak）、廊开邦潘佛塔（Phra That Bang Phuan）、色军纳莱净汶佛塔（Phra That Narai Cheng Weng）、那空帕衣达帕农佩塔（Phra That Phanom）、加拉信亚枯佛塔（Phra That Ya Khu）、黎逸侬古枯石宫（Prasat Hin Nong Ku）、四色菊石宫（Prasat phra Wihan）、素林希空林石宫（Prasat Sikhoraphum）、纳迦佛像（The Buddha Image Being Protected by the Naga）、如海翻腾（The Churning of the Ocean）、帕登—南艾（The Garden of Pha Daeng-Nang Ai）、塔林（The Garden of Sacred Stupa）、尚通园（The Garden of the Prince of the Golden Conch）、澜沧大殿及藏经阁（The Lan Chang Styled Scripture Repository and Wihan）、八角亭（The Octagonal Sala）、武里南帕依荣石宫（The Phanom Rung Sanctuary）、呵叻披万石宫（The Phimai Sanctuary）、碧差汶神塔（The Prang at Si Thep）、卧佛（The Reclining Buddha）、大庙（The Shrines）、猜也奔三万佛塔（The Stupa of Wat Phra That Sam Muen）、宋武（The Thai-Songdam Village）、双神变（The Yamaka Patiharn）。

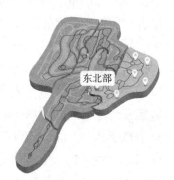

图5-3 古城东北部位置

2.4.4 古城公园南部

南部的建筑有：伊瑙园（I-Nao Garden）、城前亭（The Information Pavilion）、海神宝殿（The Biographical Exhibition of Founders）、城中亭（The

City Sala)、城门(The City Wall and Gate)、马诺拉园(The Manohra Garden)、攀牙斑拉瓦佛像(The Pallava Group Images)、御座(The Royal Stand)、洛神佛塔(The Stupa of Phra Maha That)、素叻他尼猜亚佛塔(The Stupa of Phra Maha That, Chaiya)。

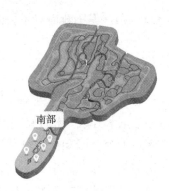

图5-4　古城南部位置

2.4.5　古城公园苏凡纳布区域

苏凡纳布在许多古印度及佛教书中出现过，它是一个极乐世界、人间仙境。为了实现这个名字的意义，在古城中，最精美、最华丽的建筑都在苏凡纳布区。苏凡纳布区域包括的建筑有：千手观音像(Bodhisattva Avalokitesvara)、文学雕像园(Botanical Garden from Thai Literature)、大回环及婆罗门殿(Giant Swing and in Brahmin Temple)、观音菩萨像(Mondop of Bodhisattva Avalokitesvar)、四面佛(Mondop Phra Si Thit)、前世回忆亭(Pavilion of Recallection)、罗汉殿(Pavilion of the Enlightened)、四梵修行殿(Phra That Mondop)、二十四孝亭(Sala 24 Katanyu)、孔明亭(Sala Kong-Ming)、达顿隐士亭(Sala of 80 Yogis)、罗摩衍那亭(Sala of Ramayana)、投沙剃亭(Sala

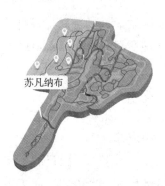

图5-5　古城苏凡纳布位置

of Ten Reincarnations)、普拉苏门山(Sumeru Mountain)、泰式帆船(Thai Sail Ship)、风雨亭(The Public Resting Pavillion)、彩虹桥(The Rainbow Bridge)、御舟队(The Royal Water Course Procession)。

三、泰国公园管理体制

泰国政体是议会制君主立宪制。全国分中部、南部、东部、北部和东北部五个地区，共有76个府，府下设县、区、村。曼谷是唯一的府级直辖市。泰国实行自由经济政策。属外向型经济，较依赖美、日、欧等外部市场。

3.1 泰国政府对于公园的管理

泰国政府对于国家公园的管理体制是自上而下型的。泰国国家公园管理主要是分为两个体系，一个是国家公园，另外就是森林公园。1961年，为保护好泰国的自然和生态环境资源，泰国决定建立国家公园，通过了《国家公园法案》并成立相应的管理机构。同年颁布了《国家公园管理条例》，对如何管理国家公园和保护自然资源等作出明确规定。此外，泰国也积极调动多机构力量，参与其中的不仅有泰国国家公园和野生动植物保护厅，还有自然资源与环境部、内务部、国家旅游局、警察局、港务局等；社区民众、非政府组织人员、科研人员等，也都以各种方式发挥力量。

根据1961年颁布的《国家公园管理条例》，建立国家公园需经政府批准，由农业部的森林厅具体主管。这个机构的责任，主要侧重于风景区的保护。现在泰国的森林公园只有56处。国家公园由国家公园处管理，森林公园由林业厅分别授权林业区的林业办事处府的林业办事处和国家公园处分区负责管理。在分区方面，主要是每个国家公园当中设有林区、野生动物保护区、游览区、植物园、苗圃等等。目前国家公园已经成为泰国旅游业发展当中重要组成部分[①]。

对于私人投资的公园，一旦公园建成，就归政府公园管理部门管理。泰国作为一个以旅游业为主的国家，加上其土地制度是地主所有制，在开放包容的态度下，政府并不排斥私人建立文化公园，相反是予以鼓励。暹罗古城公园属于私人所有，作为旅游景点对外开放，具备商业性质，但门票价格低廉，又具备公益性质受到政府的扶持，从传播泰国文化和保护文化遗产的角度上看，古城公园属于文化公园。

3.2 古城公园的经营策略

3.2.1 维持自身经济效益

暹罗古城公园作为旅游景点，商业性的经营策略使其自身的营业收入用来维持公园日常清洁以及保持建筑的完好。商业经营使得暹罗古城公园从门票定价、园内消费物价、基础设施建设都更加具有经济效益，经营模式也随

---

① 依绍华. 旅游景区管理体系的国际比较 [J]. 文化月刊，2010（04）：28-31.

着社会发展快速更新。并不是非常昂贵的门票也是诸多游客选择前往的重要原因之一。

3.2.2 坚持创新

暹罗古城公园不断创新加入新的建筑，也是经营至今的根本原因之一。随着几十年来泰国的发展变化，公园内由原来的七十二府增加至现在的七十六府，利用重大纪念日和传统节庆日组织形式多样的主题活动，开展宣传教育以及实景演出，更具新意的文化创意产品也吸引了国内外的游客前来消费。

3.2.3 宣传文化的公益性

暹罗古城公园很好地传承了泰国文化，保护了泰国的历史，在保持其持续性经营的同时又做到了公益性宣传泰国传统文化，不仅仅是国外游客来泰国旅游的必去之处，泰国本国的居民也常常前去参观游览。泰国旅游局对它大力支持，为其在国家旅游局官网宣传，达到了很好的效果。

暹罗古城公园"记录"了泰国历史上发生的重大事件、重要人物以及神话故事，让具有神秘佛教色彩的泰国完整地展现在游客眼前。

3.3 旅游须知

开放时间：08:00-19:00。

门票：成人 300 泰铢、儿童 200 泰铢[①]；下午 4 点后降半价。

免票人群：6 岁以下的儿童免票。

儿童：6~14 岁之间的儿童适用于儿童价。14 岁以上需要购买成人票。

特别说明：由于古城内有较多寺庙，要求游客衣帽服装穿戴整齐。

泰国国家公园有三项宗旨：保护野生动植物、提供旅游休闲场所和作为自然资源保护教育基地。暹罗古城公园做到了保护泰国历史文化，成为当之无愧的教育基地。高质量、多元化的发展使其吸引了更多的游客。

私人参与国家公园的建设和经营，政府要予以鼓励和支持，要让他们切身感受到建设文化公园给自身带来的收益，这样他们才会自觉参与到发展建设当中。

旅游带来的垃圾问题日益严峻。据估算，每名游客每天会产生 0.5 千克垃圾。泰国正在推动绿色国家公园建设，扩大使用水力、风力、太阳能等绿色

---

① 泰国国家旅游局 [EB/OL]．http://www.amazingthailand.org.cn/index.php?a=shows&catid=101&id=19, 2019-12-15．

能源，从源头上减少垃圾和废水的产生及碳排放，并强调垃圾分类处理。[①]

四、泰国旅游管理

多年来泰国在旅游业发展上的成就全世界有目共睹，不同国籍、不同民族、不同信仰的游客纷纷前来这片东南亚的土地上体验泰国文化。泰国的旅游业收入成为国家外汇收入的主要来源之一，其迅速发展的经验值得我们研究和借鉴。

4.1　政府重视旅游业

政策方面，泰国政府每年下拨专款用来支持本土旅游业发展，并且成立了国家旅游管理局、旅游委员会，对于资金的管控及融资则有旅游基金公司来辅助，与这些配套的还有相关的法令。在景区周围建立了方便游客的服务站和游客指导中心，为游客提供景区翻译、知识普及和景区讲解服务等等，这些措施也提升了泰国旅游业的体验感和整体水平。

其次是环境方面，对于建立旅游景区可能影响生态环境和文物资源的问题，泰国政府也从以往的事件中吸取了教训，之前的开发商一味地追求利润而忽视了对于环境的保护，使得生态恶化，导致很多风景区降级，在城市中则是在景区周围建设大量建筑群，使得景区周围环境嘈杂，商业气息盖过了原本的文化气息。[②]现今泰国政府对此非常重视，并且为旅游业的可持续发展作出了努力。

4.2　完备的旅游组织系统

泰国的旅游系统是由官方旅游组织和私人旅游组织共同构成。旅游机构

---

① 孙广勇．环保与旅游并重 泰国推进绿色国家公园建设 [DB/OL]．http://www.sohu.com/a/230392244_114731, 2018-05-04.

② 王莲花，Kotchakorn Limsakul．清迈文化旅游产业对清迈经济发展的正负面影响 [J]．传播力研究，2019, 3（26）：198.

是由政府领导的旅游部门。它是一个组织健全、单位设置科学的庞大机构，由总理直接领导，下设旅游机构委员会。在这个机构的指导下，泰国的旅游业得以协调有序地发展。泰国旅游机构的主要任务是制定发展旅游计划，向国内外宣传泰国旅游计划，宣传泰国旅游事业，开辟旅游胜地，扶持为旅游服务的娱乐场所和工艺纪念品商店，举办各种活动，吸引外国游客，解决旅游中出现的问题。在旅游从业人员中，泰国政府对导游员的要求比较严格，导游员必须具有高中以上学历，年龄 20 岁以上，掌握一种外语。每个导游员要经职业导游协会进行 120 个小时的培训，然后发给合格导游员资格证。若导游工作中出现敲诈勒索游客，或做了有损国家声誉的事情，将被判至少一年徒刑，或罚款 10 万铢。对违反职业导游协会章程的导游员，将依错误程度进行审查和处分。情节严重的将吊销导游员资格证。旅游业人员可以通过多种渠道获得专业培训，除有旅馆与旅游培训学院训练旅游专业人员外，不少大学也开设旅游接待、导游和旅馆管理等课程。泰国旅游机构的各地办事处还经常对当地旅馆饭店及出售纪念品和工艺品的商店工作人员进行集中培训，重点是面向会讲英语的人员，向他们讲授处世知识、礼貌待人等课程[①]。

4.3　宣传力度大

宣传文化旅游胜地是泰国文化产业管理的一部分，是泰国文化"走出去"，站在国际舞台上宣传泰国国家形象的方式之一。泰国的旅游宣传手段多种多样。泰国独特而鲜明的国家文化个性通过各种各样的文化节展现给世界，例如巡回大使文化节、东盟文化交流节以及在国外举办的泰国文化节，在节日的欢快氛围中将泰国本土的文化理念传递给观者[②]。除此之外，泰国旅游业在宣传方面非常重视情感的传播与表达，在别国举办的有关泰国文化交流活动现场，往往会邀请各大媒体、航空公司和旅行公司来参加，通过由旅游直接相关的渠道进行传播，将泰国的风土人情带入人心。在泰国国内，定期举办"旅游泰国盛会"，将整个泰国风貌的缩影在曼谷的暹罗古城公园展现出来，当地的民俗由专业演员进行重现，带人们回顾泰国传统的民俗风情。另

---

① 黄海云. 从泰国文化旅游发展经验看花山文化的整体打造 [J]. 沿海企业与科技，2018（04）：62-66.

② 施雁. 21 世纪初泰国文化政策研究 [D]. 云南民族大学，2019.

外，最常见的宣传册方式也有其特色，我们发现去过泰国旅游的亲戚朋友往往会带回来很多印刷精美、别具特色的泰国景区文化宣传册，这些小册子在泰国随处可见且免费发放，由于抓住了游客希望留下一些纪念品的心理，将精致的旅游纪念册作为免费的礼物发放给游客，既满足了游客的心理需求，又达到了进行二次宣传的目的，可谓是一举两得。

4.4　旅游业与文化创意产业发展

旅游产品多样化是泰国旅游业成功的原因之一，旅游周边产品和旅游纪念品的收入，也是泰国外汇收入的重要来源。文化创意产品运用现代化的技术宣传泰国文化，展现了泰国国家形象，促进了泰国旅游业的发展，同时，旅游业的发展又带动文化创意产品的销售变现，两者相互促进，相辅相成。泰国的文化创意产业主要分成四个类别：文化遗产，如工艺、历史文化观光、泰国食物、传统医药等；艺术，如视觉艺术、表演艺术；媒体，如电影、出版、广播与音乐；功能性创意，如设计、时尚、建筑、广告、软件等。泰国政府推动文化创意产业的重大计划包括：一乡一产品（OTOP）、泰国创意设计中心（TCDC）、曼谷时尚之都、创意泰国等。

其中一乡一产品（OTOP）计划是将每个乡镇挑选出来的最优产品、最具代表性的产品贴上 OTOP 标签，在具有辨识度的同时鼓励人们发展地方特色和开拓市场，游客见到此标志也会放心购买。旅游业与文化创意产业的协同发展将是未来泰国发展的新方向。

五、对我国的启示和借鉴

泰国国家公园的发展经历了四个阶段。第一个阶段主要是对全国自然资源进行调研，设立了 36 个主要开展林业和农业保育的国家公园。第二个阶段是开发阶段，在政府各部门的协作下，逐步开放小规模旅游，推动环境保护，宣传自然资源保护知识。随着泰国旅游业的兴起，在第三个阶段开始开发国际化旅游。目前，泰国提出"泰国 4.0"经济战略，国家公园的发展更加强调智能管理①。

5.1　法律体系完备

泰国的《国家公园法》是旅游一类基本法，法律中对国家公园的性质、任务和目的意义等进行定义说明；同时，针对不同国家公园的不同特点，每类国家公园都会设立一部独立的公园法，对国家公园的开发运营方式及保护措施提供指导规范，对管理部门的职责义务进行准确说明，同时收集参考公众意见。这种出台法律使之有法可依，并针对不同国家公园因地制宜的做法值得我们参考和借鉴。

因为几乎所有国家公园都具备投入大、周期长的特点，所以法律体系的完备性以及监管的连续性显得尤为关键。

5.2　管理机构职责明确

旅游业较为发达的国家，如美国、日本、泰国等，都有相关机构负责管理国家公园。机构的主要职责是为国家公园的长期发展提供方向性指导，为国家公园的建设提供帮助，此外，其最大的特点是独立性，独立性的好处在于可以一定程度上避免受到不同利益集团的影响，从而使得决策更加清晰透明，确保机构职能正常发挥作用。我国政府可以参照相应经验，建立完善的国家公园管理体制，设立相关部门和职能机构承担统筹与协调工作，引导国家公园健康持续发展乃至跨省域的共同发展。我国文化公园的建设正处于刚刚起步的阶段，可以优先打造一些成功的国家文化公园来做样板或试点，为后续发展提供相关经验。

5.3　景区保护与区域发展的协调统一

我国某些景区建立是源自行政指令，当地社区群众生活受到较大影响，处于被动的地位，导致景区的建立和维护缺少当地社区居民的参与和认可。虽然一些保护区出台相关方案，比如建立社区联合保护机构，但是实际中存在偏重保护责任，忽视居民利益的问题，加之保护区内部分居民环境意识较

---

① 孙广勇. 环保与旅游并重，泰国推进绿色国家公园建设 [N]. 人民日报，2018-05-04（22 版）.

差，当地居民破坏环境换取经济利益的行为时有发生。因此，可以借鉴其他国家有关做法，在建立保护区时充分考虑当地居民的意见和建议，政府强制管理与鼓励居民参与合作相结合，形成保护管理与当地社区发展的紧密联系，而且管理模式要依据发展状况进行相应调整。

5.4 允许私人部门参与

暹罗古城公园完全由私人出资建立，经过几十年的时间发展成为今天的文化公园，这种私人属性与公益性质的良好兼容值得我们借鉴。宣传国家文化、保护传统文化不仅仅是政府的责任，也是每一个公民的义务，在这个方面，政府与个人具有相同的社会责任。我们知道市场是最有效率的配置工具，国家公园或者文化公园可以由政府提供基础设施，而在经营型项目中引入私营部门。依绍华在其文章中提出国家公园在经营型项目方面，可以参照国际经验，由私营部门开发。私营资本一般按照市场化程序，比如公开招标、特许经营等等，并且由各方组成的公园委员会批准后才能够进行经营。经营方式必须严格按照公园发展规划的要求进行，而且需要随时接受监督。经营期满后，由公园委员会对企业进行重新考核，决定其是否具有继续经营的资格，审核通过后，可续签合同，或者重新通过特许经营权等投标形式进行竞标，争取新一轮的经营合约。我国目前不能完全照搬国外经验，但可以在景区的基础设施建设当中，引入 BOT 模式。财政拨款提供内部基础设施的新建和维护，为旅游者提供必要的服务设施，包括公路、便道，乃至各种牌示以及游客中心等等。而园内的辅助设施和服务型项目，例如住宿设施、饭店等，由私营部门提供，国家资本则不再介入[①]。

5.5 建立完备监督措施

暹罗古城公园的私人所有的属性要求其具有更加缜密的监督体制，防止文化宣传过于商业化，杜绝在传统文化方面认识不清有错误宣传的可能。在国家文化宣传方面容不得半点马虎，这就体现了监管部门的必要性。首先文化旅游局的监督管理部门应招募文物资深研究员、古建筑研究专家、文化历史专家学者等作为监督专家委员会，与当地的政府官员和相关负责单位共同

---

① 依绍华. 旅游景区管理体系的国际比较 [J]. 文化月刊，2010（04）：28-31.

监控文化公园的建造和经营行为，防止文化公园所展示的内涵出现错误，以及防止景区过于商业化。其次，监督管理部门要与环境资源保护局加强联系，加强跨部门协调，共同监督景区以及景区周围的环境变化，保护景区的自然资源和建筑物，但同时也要注意防止形成"监管真空地带"，将权责细分，相关法律法规紧密衔接，使得监管能有效落实到实处。

5.6　发展园内文化衍生品

泰国古城文化公园发展状况良好，持续修建新的建筑物来丰富园区，始终跟随泰国的发展而发展，其中重要的原因之一就是创新带来的经济效益为其进一步的发展奠定了基础。在数字化信息时代，国家公园未来的发展不仅仅局限于现场参观，创新文化公园内的纪念品、文化体验活动，既可以丰富园区的内容，强化宣传，也可以为园区创收，助力其更好的发展。

我国北京的故宫是一个很好的范例。故宫博物馆因其设计的独具特色的故宫系列创意产品在网络上"走红"，故宫官方淘宝店的销量更是节节攀高，从中可以看出我国消费者对于我国传统文化的创意产品具有很强的购买意愿，我国的文化创意产品市场还有待深挖。对于我国文化公园的发展，彰显我国特色的创新之路是打造民族性世界性兼容的文化名片的必经之路。

此外，我们可以利用现有设施和资源，依托国家数据共享交换平台体系，建设国家公园官方网站和数字云平台，引入虚拟现实技术，对历史文物和自然景观进行网络线上展示，对诗词歌赋和典籍文献进行数字化转化，建设一个可以实时参观、随地登录的数字国家公园。

5.7　文化公园的布局

对于文化公园的布局设计既要考虑游客的体验感，也要考虑文化园区中每一件展品的安全合理。在我国中央有关部门负责人答问中，提到了我国文化公园的构成，负责人表示文化公园的主体部分是主题展示区，包括核心展示园、集中展示带、特色展示点三种形态。接着又对这些部分的功能做了概括性描述：核心展示园由开放参观游览、地理位置和交通条件相对便利的国家级文物和文化资源及周边区域组成，是参观游览和文化体验的主体区。集中展示带以核心展示园为基点，以相应的省、市、县级文物资源为分支，汇集形成文化载体密集地带，整体保护利用和系统开发提升。特色展示点布局分散但具有特殊文化意义和体验价值，可满足分众化参观游览体验。①

5.8　多元化宣传

利用各种载体来宣传、推广文化公园，提高我国文化公园的知名度，打造文化公园的特色品牌。我国传统文化需要青少年的参与，才会焕发生机。各大高校的学生利用假期来文化公园体验调研，达到点到面的宣传目的，不但可以增强民族的文化认同感，还可以增强国民文化自信。

六、总　结

以旅游发展促文化传播，是泰国文化公园的建设给我们的最大启示。泰国土地制度为私有制，暹罗古城公园是私人创办建设的文化公园。作为全世界最大的户外博物馆，暹罗古城公园完美浓缩了泰国国土地形地貌，将本国各地历代有代表性的建筑物荟萃于此，并且在保持其持续性经营的同时又做到了公益性宣传泰国传统文化，不仅仅是国外游客来泰国旅游的必去之处，泰国本国的居民也常常前去参观游览。从暹罗古城公园的建设、经营、管理等方面可以为我国建设文化公园提供一些思考和建议。

首先我国要考虑文化公园的布局，将不同类型、不同展示风格的文化展品分区归类，做到园区整齐清晰，重点考虑游客体验感，游览有顺序、学习文化知识有次序。其次要借鉴暹罗古城公园的私人部门经营模式，允许私人部门参与文化公园的经营管理，让市场发挥其有效率的一面，保证文化公园资金方面的正常运转，与此同时开展公益性活动。再次要考虑法律制度、监管制度等外部规范方面，保证文化公园以保护传统文化、弘扬文化自信为目的，文化公园的发展始终走在正轨上。最后要鼓励文化公园勇于创新，发展文化衍生品，设计特色纪念品，主题演出，达到产品丰富化、宣传多样化，紧跟时代步伐吸引游客的同时通过创新驱动文化公园健康发展。

---

① 国家文化公园建设的主要任务有哪些？中央有关部门负责人答问（新湖南）[DB/OL].
http://baijiahao.baidu.com/s?id=1652090400190457744&wfr=spider&for=pc, 2019-12-05.

一、韩国国立公园发展总体状况

1.1 韩国国立公园的发展历史开端于 20 世纪 30 年代

韩国国立公园的发展历程始于 20 世纪 30 年代。20 世纪 30 年代，韩国出台《国立公园建议》；1967 年，韩国又出台了《韩国自然公园法》，同年建立了韩国历史上第一个国立公园——智异山国立公园，保护景色优美的自然风光是公园设立的初衷；1972 年，国立公园法经过修改，在原来国立公园的基础上增加了道立公园和郡立公园，形成了国立、道立、郡立公园三足支撑的局面；到 1996 年第 9 次国立公园法修改时，更强调自然环境保护的重要性。韩国国立公园是国土保全体系中的重要内容，设立国立公园是为了在合理利用国土的同时，保存国土资源。[①]韩国国立公园面积占韩国全部保护地面积的 27.33%，以生态保护与促进人民生活水平提高之间平衡作为设立背景，从而实现对作为"代表韩国的自然生态系统、自然以及文化景观的地区"的保护及可持续发展。[②]

1.2 韩国国立公园基本情况介绍

韩国国土面积虽小，却有着众多的自然公园。其中自然公园可分为国立公园、道立公园和郡立公园三种类型，国立公园归属于韩国环境部管理，道立和郡立公园属于地方政府管理。国立公园是韩国公园体系的主要部分，自 1967 年指定首个国立公园——智异山国立公园以来，截至 2019 年韩国一共有 22 个国立公园，总面积 6726.246km²，占韩国陆地国土面积的 6.7%，人口密度为 1.32km²/10 000 人。其中山岳型国立公园 17 个，海上、海岸型国立公园

---

① 韩相壹. 韩国国立公园概况 [J]. 中国园林，2002（02）：73-76.
② 虞虎，阮文佳，李亚娟，肖练练，王璐璐. 韩国国立公园发展经验及启示 [J]. 南京林业大学学报（人文社会科学版），2018，18（03）：77-89.

4 个，史迹型国立公园 1 个。^① 韩国国立公园管理公团认为"国立公园是国内最完美的自然度假胜地"。^②

1.3　韩国国立公园是韩国自然和文化资源保护的关键

韩国国立公园大多位于山区地带，其中包括韩国本土的最高山智异山以及一些海拔低于 1500 米的低山、山丘等等。很多公园更是以山命名。这些山区拥有美丽的自然景观，并且在长期的历史发展中保存了自公元 527 年新罗王朝以来韩国接受佛教之后建造的大量古代佛教寺庙。多山、多海及其孕育的特色文化遗产决定了自然生态系统保护与利用是韩国国家公园建设的主要任务。因此，韩国虽然国土面积较小，却能够在长期的国家文明发展和社会与自然相互作用条件下形成了联系紧密的人文地域特色小尺度的自然人文复合生态系统类型的国立公园。其作为拥有独特自然和人文景观的地区，是韩国自然生态和文化系统保护的核心，属于"代表韩国的自然生态系统、自然以及文化景观的地区"，管理目标以"自然和人类相遇的生命的摇篮"为基本理念^③，强调人与自然的和谐统一。

二、庆州国立公园概况

2.1　庆州的独特地理区位促进了新罗固有文化的发展

庆州位于韩国东南部，是一座中型城市，现有人口 28 万。^④ 总面积约

---

① 韩国国立公园管理公团官网. 韩国国立公园简介.
　[EB/OL]. http://chinese.knps.or.kr/Knp/AboutKnp.aspx?MenuNum=1&Submenu=01, 2019-11-20.

② 韩国国立公园管理公团官网. 韩国国立公园管理公团简介.
　[EB/OL]. http://chinese.knps.or.kr/Introduction/Introduce.aspx?MenuNum=4&Submenu=12, 2019-11-20.

③ 이연우：《우리나라　국립공원관리에　관한　연구》[J]，건국대학교，1997.

④ 360 百科. 韩国庆州简介.
　[OE/OL]. https://baike.so.com/doc/7077341-7300252.html, 2019-11-20.

13 2385km^2，紧邻釜山和大邱两大城市。庆州西部有着陡峭的山脉，东部则与东海岸相连，地势险峻。因此，庆州从地形上来看虽然很难与外界进行文化交流，但与此同时也促进了其流传至今的新罗固有文化的发展。[①]

庆州是一个拥有丰富历史遗迹的城市。它曾是新罗王朝的首都，也是韩国古代文明的摇篮。庆州有着为数众多的蕴涵韩国古代灿烂文化的历史文化遗迹，其中最具代表性的有庆州鲍石亭址、庆州南山神仙庵摩崖菩萨半跏像、庆州东宫和月池、庆州瞻星台、皇南里古坟群、大陵苑（天马冢）、庆州皇龙寺遗址、芬皇寺等。故庆州有"无围墙之博物馆"之称。由于它自身具备极高的历史文化价值，如今庆州历史遗址区已被 UNESCO 列为世界文化遗产，受到世界各地游客的喜爱。

2.2　庆州国立公园是韩国唯一的历史遗迹形态公园

庆州国立公园位于韩国本土海拔最高的山——智异山，是韩国历史上唯一一座历史遗迹形态的公园，于 1968 年被政府指定为继智异山之后的第二个国立公园。公园下辖 8 个地区，彼此相隔，总面积 136.55km^2。公园内自然资源和各类物种丰富多彩，约有 2200 个物种在国家公园内居住和分布。报告的物种总数包括 27 种哺乳动物、122 种鸟类和 725 种植物物种等等。其中濒临灭绝的物种包括白鳍豚、韩国秃鹰、鹰鸮和小耳猫，它们是居于食物链中较高位置的食肉动物之一。

庆州国立公园是就像一本厚实的历史书，它凭借保存完好的新罗时期文化遗迹与和谐的自然景观，成为深受游客喜爱的历史景区。庆州国立公园于1979 年被联合国教科文组织评定为世界十大文化遗产之一，其价值受到国际肯定。

2.3　佛国寺、石窟庵和南山是庆州国立公园主要文化遗产

作为韩国唯一一座历史遗迹形态的公园，庆州国立公园的文化遗产也颇为丰富，主要有佛教文化精髓的佛国寺、石窟庵以及被誉为"佛教露天博物馆"的南山等等。佛国寺和石窟庵坐落于吐含山山腰处，是灿烂的新罗佛教

---

① 金雪丽. 韩国庆州历史景观保护的经验与启示 [D]. 西安建筑科技大学，2013.

文化的核心。佛国寺建造于公元 1440 年，是新罗法兴王为维护国家安定和百姓平安而建。此后，经过多次翻新与复建才达到如今的规模。石窟庵位于佛国寺上约 3 千米的位置，庵内筑有面朝东海的东方最大的如来坐像。佛国寺和石窟庵于 1995 年 12 月 6 日被列入世界文化遗产，成为韩国的宝贵财富。

南山（Namsan）位于佛国寺附近，高 468 米，南北长 8 千米，东西长 6 千米。这座山呈椭圆形，看起来像一只乌龟在庆州的中心俯卧，因此它还有个名字叫做"金龟"。新罗时代南山曾拥有众多的佛教寺庙。寺庙内的建筑、设施可以充分体现当时人们对佛教的虔诚信仰。[①]

三、发展历史

3.1 里程碑事件见证了庆州国立公园的发展

庆州国立公园于 1968 年被政府指定为国立公园。10 年后，由于其独特的历史文化价值，到了 1979 年庆州国立公园被联合国教科文组织评定为世界十大文化遗产之一，其价值受到国际肯定。

3.2 庆州国立公园管理机制经历了复杂的历史沿革

在韩国不同经济社会发展时期，国立公园管理利用目标先后经历了五个阶段，即建设主导阶段、保护为主阶段、重旅游利用阶段、效率主导阶段和保全为主阶段。[②] 在这五个阶段，国立公园管理利用的目标先后经历了设施建设、严格保护、大量开发再到兼顾保护和利用几个过程，这与韩国经济增长紧密相关。在设施建设阶段的 20 世纪 60 年代到 70 年代中叶，韩国处于战争之后的工业化前期，经济刚刚开始振兴，各方面基础设施建设都不是很完善；1967—1975 年韩国共建了 11 个国立公园，由建设部主管，集中建设了公园服务区、公园入口、道路、标牌等基础设施建设。此时以保护韩国自然

① KNPS. National Parks of Kore [J]. KNPS. 2014.

② 韩相壹. 韩国国立公园概况 [J]. 中国园林, 2002 (02)：73-76.

环境和自然景观，推动资源可持续利用和增进公众健康、公众休闲和娱乐为主；70 年代后期韩国国立公园进入保护为主的阶段，1978 年韩国政府颁布了《自然保护宪章》，国立公园设施建设趋于完成，开始转向以自然保护为主要特征、绝对限制访客和野营设施的阶段；随着 80 年代前期和中期工业化发展带来的公众休闲需求的极大增长，韩国国立公园进入重旅游利用阶段。国立公园开始探索在不破坏自然生态环境的前提下开发旅游业，国立公园成为国民休闲观光地，过度利用明显。因此，为了改善过度利用的问题，韩国成立了国立公园管理公团进行统一管理，扭转了资源过度旅游化开发的局面，使既定的服务于旅游的公园入口道路、集中服务设施的建设转为野营地、探访指示牌、卫生间、停车场等满足自然环境教育基本需求的便利设施，并针对性地实施自然资源轮休年制等保护政策，韩国国立公园进入效率主导阶段。1990 年，韩国国立公园主管部门转为内务部。1998 年之后，韩国自然公园管理权移交到环境部，管理目标开始进入保全为主的阶段，此时保存和利用、可持续发展为目的的公园理念成为主流思想。①

庆州国立公园最初由地方自治团体管理，但是其管理状况较差，也给韩国当地的政府机构带来了很多的困扰。当时韩国现有的国立公园有多个管理机构交叉管理和运营，导致管理体制的多头管理、管理机能无序及运营方式选择困境等一系列问题。为了解决这种低效率的管理问题，韩国决定采取中央集权的方式进行管理，具体来说设立了专门的管理机关国家公园管理公团来进行管理。2008 年 1 月 16 日，庆州国立公园开始由韩国国立公园管理公团直接管理。2017 年 5 月，《国立公园管理公团法》的实施使得韩国国立公园的管理更加系统化、专业化、科学化。②

---

① 虞虎，阮文佳，李亚娟，肖练练，王璐璐. 韩国国立公园发展经验及启示 [J]. 南京林业大学学报（人文社会科学版），2018，18（03）：77-89.
② 马淑红，鲁小波. 再述韩国国立公园的发展及管理现状 [J]. 林业调查规划，2017，42（01）：71-76.

四、遴选机制

4.1 遴选方法

确立科学的遴选方法是国家公园体系建设的前提和基础。韩国国立公园的遴选方法是随着历史发展而不断完善的，与公园本身的功能定位相关。庆州国立公园的建立首先要建立科学的遴选方法，确保有效识别关键保护对象和潜在建设区域。

4.1.1 明确韩国公园体系总体类型为地域限制型

由于韩国国土面积小，人口密度较大，所以其国家公园体系属于地域限制型。地域限制型是指公园实际面积占该国国土面积的比例有限的国家公园体系，通常日本、英国、韩国等国家公园体系属于这种类型，人口密度较大。主要根据风景景观资源、野生动物保护、公众游憩的导向进行设立，建立的国家公园或多或少地与自然景观保护、自然保护区有所交叉。[1] 对于地域限制型的公园而言，公园内能够代表国家意义的自然生态地域和景观、代表性物种较为明显，选择起来相对容易。[2]

4.1.2 围绕自然资源、物种、景观三个维度进行选择

首先，自然资源维度。该自然生态系统的国家代表性和重要性是关键的考虑因素，以此为基础从而确保评价区域具有被选为国立公园的价值和意义。只有该区域内的生态系统具有特殊性，才能够作为潜在建设区域。其次，物种维度。遴选主体需要考虑该区域所含物种的稀缺性、自然生态系统的完整性、特殊自然与人文遗产景观分布的情况，进而判定该区域是否符合国家公园建设的潜在区域的条件。庆州国立公园正是凭借保存完好的新罗时期文化遗迹与和谐的自然景观，当时成功获得国立公园建设资格。第三，景观维度。根据土地所有权、区位交通条件、财政能力等实际情况来确定国立公园建设

---

① 虞虎，钟林生. 基于国际经验的我国国家公园遴选探讨 [J]. 生态学报, 2019, 39（04）: 1309-1317.

② 虞虎，钟林生. 基于国际经验的我国国家公园遴选探讨 [J]. 生态学报, 2019, 39（04）: 1309-1317.

范围。国家公园建设的面积规模与能否确保完整性、栖息地和特殊景观有关，因为自然生态系统演化需要保持的面积有所差异，由特点和自然风光决定。韩国国家公园建立标准主要是自然景观、文化景观、地形保护、土地权属和位置是否便于利用。庆州国立公园位于距离高速公路 3 千米覆盖范围内，可达性和便捷度非常高，这也是它可以成为国立公园的关键因素之一。

4.2　遴选标准

4.2.1　在 IUCN 基本原则基础上依据实际情况完善遴选标准

世界自然保护联盟（IUCN）制定的国家公园遴选基本原则为"国家意义的自然遗产公园，为人类福祉与享受而划定，面积足以维持特定自然生态系统"。韩国在遵循 IUCN 制定的该基本原则基础上，根据基于自然资源重要性、保护自然生态景观等原则性条件进行补充和细化，并扩展到面积、公共服务设施、项目建设等方面的指标要求，从而形成一套适合自己的国立公园遴选标准。对于地域限制型的韩国国立公园来说，其遴选标准的设立思想和宗旨为代表韩国自然生态界或自然及文化景观的地域，扩大国民利用率。[①]

4.2.2　建立科学准入标准是完善遴选标准的有效补充

自然景观、文化景观、产业、土地所有权构成、区位条件也是韩国国立公园选择的五大参考标准，各个指标所占权重依次为60%、15%、10%、10%和5%，只有当这五条标准的综合评分达到80分以上，才能成为备选区域。[②]此外，还考虑与其他类型自然保护地之间的连通性，在空间上使国立公园与其他保护地一起，形成生态系统之间的生态走廊，[③]保持和恢复生态系统物种交流的原始生态环境，避免单体公园设置可能出现的碎片化问题，实现国土生态保护的空间连续性和有效性。

4.3　遴选程序

4.3.1　遴选程序层次分明

庆州国立公园的遴选程序分为申报—协商—审议—确定四个环节。首先，

---

① 虞虎，钟林生. 基于国际经验的我国国家公园遴选探讨 [J]. 生态学报，2019，39 (04)：1309-1317.

② 王英斌. 韩国的国立公园 [J]. 环境，1994 (12)：24.

③ 배중남. 한일 국립공원 관리체계 비교. 한국환경생태학회지，2004 (04).

由候选地准备申报材料并向国家环境部提交相关申请材料，进而由环境部长实地考察；其次，听取相关部门的意见，并与中央行政机关长官共同协商；再次，通过国土建设综合规划的审议，确定潜在国家公园的范围；最后，对该国立公园的潜在建设区域和建设方案进行可行性评估，依法建立国立公园。

五、遗产保护管理模式

5.1 庆州国立公园的所有权归政府所有

庆州国立公园具有国家性。韩国在建立庆州国立公园之前将该区域内的所有私有土地通过赎买、捐赠等方式转化为国家所有，若有国家公园范围或动态调整的考虑会将国有土地集中区域作为优先考虑范围。同时，庆州国立公园属于世界文化遗产，这也决定了它的所有权属性。

5.2 管理体制为中央政府管理为主的垂直管理体系

庆州国立公园采取由韩国环境管理部指定韩国国立公园公团直接管理的垂直管理模式。"国家—地方"型的垂直管理体系主要是指由国家的中央政府掌握总体大权，并给各个地方的政府及国立公园相关机构下放权力，地方机构也能够对公园的管理和运营发挥作用，但在大政方针的制定上要服从中央政府安排的一种管理模式。庆州国立公园虽受韩国国立公园管理公团的管理，但在实践中，庆州当地政府也在庆州国立公园管理运营中起到举足轻重的作用。①

5.2.1 保护与发展是韩国国立公园管理公团的主要职责

韩国国立公园管理公团设立于 1987 年，是归属于环境部的韩国管理国立公园的专业机构，秉承保护自然、服务游客的愿景，负责对公园资源的调查和研究、环境保护、公园基础设施维护、指导公园有效使用、公园宣传工作

---

① 钟永德，徐美，刘艳，文岚，王曼娜. 典型国家公园体制比较分析 [J]. 北京林业大学学报（社会科学版），2019，18（01）：45-51.

等。它负责管理 21 座公园，只有位于岛屿地区的汉拿山国立公园归属于地方自治政府济州特别自治岛管理。自国立公园公团成立以来，它就本着"热爱自然，国民幸福，地区合作，面向未来"的核心价值观，致力于保存和保护自然资源，优化服务，完善环境，创造愉悦安全的国立公园。①

5.2.2 权责明晰的组织结构确保公园管理专业化

韩国国立公园管理公团在长时间的发展过程中，形成了稳定且权责明晰的组织结构。2017 年 5 月，韩国开始实施国立公园管理公团法，使得韩国国立公园的管理更加系统化、专业化、科学化。国立公园管理公团由理事长、理事、监察组成，包括企划调整处、行政处、资源保全处、运营处、探访支援处、设施处和宣传室、成果管理室、对外协办室、监察室，该组织还运营26 个国立公园事务所和国立公园研究院、山岳安全教育中心、濒危种复原中心、航空队等机构。此外，还设有公园委员会处理公园指定、废止、变更等事项。②

5.3 遗产保护措施

5.3.1 设立国立公园特别保护区以保护自然资源

随着公园游客人数的逐年增多和濒绝物种等的增多，韩国国立公园管理公团开始设立特别保护区对公园的自然资源进行保护。特别保护区是指以"自然安息年制度"的地区为中心，在此基础上扩展到含有濒危物种等的迫切需要被保护的区域。按照保护目的对地区进行重新分类和体系化而指定的地区为"国立公园特别保护区"。③对于特别保护区管理，韩国国立公园管理公团采取了一系列措施。比如，定期检测特别保护区的环境、设置保护措施、开

① 韩国国立公园管理公团官网. 韩国国立公园管理公团简介
　[EB/OL]. http://chinese.knps.or.kr/Introduction/Greeting.aspx?MenuNum=4&Submenu=13,
　2019-11-20.
② 蔚东英. 国家公园管理体制的国别比较研究——以美国、加拿大、德国、英国、新西兰、南非、法国、俄罗斯、韩国、日本 10 个国家为例 [J]. 南京林业大学学报（人文社会科学版），2017，17（03）：89-98.
③ 韩国国立公园管理公团官网. 特别保护区指南
　[EB/OL]. http://chinese.knps.or.kr/Knp/Special.aspx?MenuNum=1&Submenu=03, 2019-
　11-20.

展多种宣传活动，从而进行开发利用以及制定违规处罚制度等等。

5.3.2 建立资源环境承载力控制制度疏解"超载压力"

韩国国立公园资源利用强调在生态系统可持续演化框架下进行资源利用，来设立满足国民游憩需求的自然文化区域。庆州国立公园作为韩国唯一一个历史遗迹国立公园和世界遗产，近年来一直是国内外游客旅游观光的热门目的地。观光人数的增多给公园的环境造成了很大的压力。韩国国立公园由此制定了访客预约制度，规定提前公告公园内接待设施的预约情况，以制度和设施控制达到访客控制的效果。建立科学有序的资源环境承载力控制制度，合理开发资源，以求对自然生态产生有利影响。国立公园管理公团对探访游客进行严格管理，如为避免游客过于集中，减少资源的损毁，制定了游客预约制度，严格限制游客数量以确保环境承载力。

5.3.3 定期的科学研究是确保公园健康发展的重点

庆州国立公园的相关机构会定期对公园内的多种生物进行调研和观测保护，以此来保存濒危动植物物种，进而维持物种的多样性及稳定性。一方面，定期召开公园管理协议会听取地区社会的各种意见，以完善对公园的科学管理。另一方面，与其他国家的相应管理部门签订合作协议，开展丰富多样的交流活动，建立合作体系，并举办多种形式的研讨会相互交流有关公园管理的信息。

5.4 志愿服务机制助力公园管理[①]

除了实施设立特别保护区、建立资源环境承载力制度、定期科学研究等一系列保护措施，庆州国立公园还实行了志愿服务机制，使得当地的居民或游客不仅可以享受更加优化的游玩服务，还可以通过志愿者的宣传讲解等增进对公园的自然、历史、文化资源价值的理解。志愿者的工作内容丰富多样。比如与员工一起体验庇护所管理、制作公园宣传短片、为远足人士提供指引等等。来自社会不同领域的公众共同参与到庆州国立公园的管理，不仅大大减轻了公园的内部管理压力，还有利于社会公众从不同视角为公园管理献计

---

① 韩国国立公园管理公团官网．公团活动介绍
[EB/OL]．http://chinese.knps.or.kr/Introduction/Cooperation.aspx?MenuNum=4&Submenu=16&Thirdmenu=04, 2019-12-01．

献策，从而促进庆州国立公园健康有效的发展。

5.5　完善的法律法规体系促进公园有效管理

完善的法律法规是韩国国立公园有效管理的保证。在庆州国立公园成立的前前后后，一直有各种类型的关于国立公园管理的法律法规、相关制度等出台，为庆州国立公园的有序有效运行起到"保驾护航"的作用。目前韩国直接管理国立公园的法规是《自然公园法》，该法是有关自然公园的指定、保全、利用与管理的法律。《自然公园法》详细规定了自然公园的设立程序、公园规划和功能分区设定、禁建项目和禁止行为、保护和费用征收等相关内容，并在后续的发展中根据国立公园发展需要进行了细分和修订补充，如《自然公园法》后分为《自然保护法》和《都市公园法》，至今已修订了30余次。①关于国立公园特别保护区的相关制度在《自然公园内法》中也有提及。例如，根据《自然公园法》第28条规定，对违反禁止进出条例者，按照该法第86条，予以罚款50万韩元。

以《自然公园法》为基础，韩国政府及相关部门又制定了很多与韩国国立公园管理相关的法律法规。比如2016年国立公园管理公团制定《国立公园安全法》，是出于对访客安全管理的需要。另外政府部门还制定及修订了《环境保全法》（1977年）、《山地管理法》（2009年修订）、《山林保护法》等。2013年，韩国环境部为了保护管理野生生物和它们的栖息环境，制定了《关于野生生物保护及管理的法律》。还有一些重要的文化保护法的出台，比如2016年1月实施的《关于文化遗产及自然环境资产的公民信托法》。②

在庆州历史遗迹保护方面也有相关的法律保障实施。2005年出台的《古都保护特别法》就促进了对庆州国立公园文化遗产保护的重视。《古都保护特别法》又称《古都保护法》，该法律将历史景观的保护从遗址本身的"点"的保护扩展到周边历史遗迹的"面"的保护，并从法律层面提升了历史景观

---

① 蔚东英，王延博，李振鹏，李俊生，李博炎. 国家公园法律体系的国别比较研究——以美国、加拿大、德国、澳大利亚、新西兰、南非、法国、俄罗斯、韩国、日本10个国家为例 [J]. 环境与可持续发展，2017，42（02）：13-16.

② 马淑红，鲁小波. 再述韩国国立公园的发展及管理现状 [J]. 林业调查规划，2017，42（01）：71-76.

保护的地位。[①]《古都保护法》的制定为韩国历史景观的保护带来了全新的转折点。

六、财政模式

6.1 国家财政拨款是庆州国立公园的主要资金来源

庆州国立公园属于国家性的公园，它的所有权属于韩国政府。政府每年会安排约 3000 亿韩元（约合人民币 18 亿元）用于 21 个国立公园（汉拿山国立公园除外）的保护和管理工作，并且每年按照 0.1% 的比例增加。[②] 同时，政府也会定期拨款对庆州国立公园内的历史文化遗迹进行维护。充足的资金保障了庆州国立公园的建设和发展。

6.2 关联产业收入及社会捐赠是庆州国立公园的重要资金来源

出于国家性和公益性特征的考虑，庆州国立公园自 2007 年开始免收门票。免门票的规定虽然使得公园减少了一大笔收入来源，但一些其他的关联产业仍能给公园带来不菲的收入，这些资金来源主要有停车场收入、设施使用费等。公园管理部门将这些关联产业通过自营或特许经营等方式开展经营，获取收入。公园有形无形资源的合理利用所带来的收入成为庆州国立公园保护管理资金的重要来源。另外，社会上的企业或个人对公园的捐赠也构成了资金来源的重要部分。

---

① 金雪丽. 韩国庆州历史景观保护的经验与启示 [D]. 西安建筑科技大学，2013.
② 闫颜，徐基良. 韩国国家公园管理经验对我国自然保护区的启示 [J]. 北京林业大学学报（社会科学版），2017. 16 (03)：24-29.

七、旅游开发利用

7.1　实施免费的门票制度

庆州国立公园是一个公益性的国家公园，韩国政府将庆州国立公园的经营当作一项公益事业。公益性是国家公园的根本属性之一，其目标是在保护优先的前提下，为国民提供科研科普、环境教育以及游憩休闲机会，增进对区域特殊景观的理解和精神文化发展，从而实现"国家所有、全民共享、世代传承"。因此，出于公益性的考虑，庆州国立公园自 2007 年开始实施免费的门票制度。门票的减免也增加了访问公园的游客人数。

7.2　将社区共建和利益相关者共同管理作为主要经营方式

在庆州国立公园长期保持自然和文化资源保护的前期实践中，由于一些强制的限制性规定而引发国家公园与周边社区的矛盾，对国立公园的自然资源保护利用以及访客活动的开展产生负面影响，总体上制约了国立公园管理水平的提升和国际化。采取社区共建和利益相关者共同管理的经营方式可以促进庆州国立公园的开发利用。这种经营方式即除了政府部门外，还积极带动学术界、宗教界、市民等社会民间机构或团体的参与，共同加强对国立公园的经营与管理。具体方式有以下两种。第一，允许周边居民参与公园经营活动，给他们发放经营许可证或提供居民福利生态观光等地区合作项目。第二，征求各利益关联方意见，建立区域合作机制。利益相关者主要包括土地所有者、地方自治团体、寺院、其他利益团体等等。另外，加强各领域内的合作体系，联合进行资源调查等活动，促进发展。①

7.3　创新性的营销宣传有利于提升公园知名度

7.3.1　利用特色活动和项目吸引公众关注度

庆州国立公园在每年的 4 月和 5 月会举办樱花节和一些可以体现济州新

---

① 虞虎，阮文佳，李亚娟，肖练练，王璐璐. 韩国国立公园发展经验及启示 [J]. 南京林业大学学报（人文社会科学版），2018，18（03）：77-89.

罗文化的各种文学竞赛活动，这些节日和文化博览会的举办吸引了更多的当地人和国内外游客。同时，公园管理部门推出的"生态旅游"项目通过将环境保护融入旅游宣传，激发公众兴趣点。生态旅游是指欣赏并学习自然和文化的环境友好型旅游，是具有保护自然环境和维护当地人民生活双重责任的旅游活动，让人们可以一边领略大自然的奥妙，一边感受当地的地方文化，目前生态旅游已成为一种低碳绿色的新型旅游。

7.3.2　通过与国外 OTA 企业合作打通跨国界宣传壁垒

OTA 全称为 online travel agency，即"线上旅行社"。韩国国立公园管理公团通过与国内外的 OTA 企业达成合作，使得用户可在这些 OTA 平台上查询和浏览关于庆州国立公园的相关信息。这些相关信息包括：庆州国立公园简介、宣传标语、门票制度、交通情况、住宿信息、旅行攻略等等。通过与国外 OTA 的合作将原来传统的旅行社销售模式放到各国的互联网平台上，用不同国家的语言进行宣传，使得其他国家的人们也可以方便快捷地了解庆州国立公园的信息，可以更加广泛地传递线路信息，同时互动式的交流更方便了客人的咨询和订购。

八、社会责任

8.1　开展公众环境教育，提高全民环保意识

韩国国民一直有着较高的环境保护意识，这不仅得益于韩国民众较高的国民素质，也与韩国国立公园管理公团及相关机构关于环境保护方面的宣传教育工作密切相关。一方面，国家公园管理机构通过开展丰富多彩的宣传教育活动，呼吁民众提高环境保护意识，引导周边社区居民和来自国内外的游客自愿地参与到庆州国立公园的保护与管理工作中去，让他们都能得到说服力强的环境教育和环境保护体验。另一方面，充分利用电视台、网站、自媒体等各种宣传媒介，积极搭建国家公园保护管理的宣传平台。更重要的是，充分利用韩国目前所拥有的优势，比如，利用韩国娱乐业发达的优势，积极做好公园本身及其所有的自然与文化资源的宣传。这不仅增强了国家公园从

业人员的职业自豪感，也使民众对国家公园有了更多的理解、认识和认同，使国家公园不但成为韩国民众最理想的休闲地，也成为他们最向往的工作和生活地。

8.2　实施社区支援政策，促进社区发展

韩国国立公园设立的目标包括优先保存和维持自然生态，并在可持续利用的限度内提供探访公园和居民利益发展，同时促进公园区域内传统生产生活方式的传承。① 因此，居民利益发展是韩国国立公园要密切关注和履行的一项社会责任。庆州国立公园建立后，当地社区居民的生产生活受到限制，经济发展受到一定影响。为了改善周边居民生活条件，特别是那些因为设立国立公园而被影响生活质量的周边居民，韩国国立公园管理公团通过社区支援政策较好地实现了社区传统生计方式的优化，从以自然保护执法为主向兼顾资源利用、访客服务和社区发展的综合方向转变，促进文化生态和自然生态系统的协同演化成为关键管理目标。②

自 2008 年起，韩国政府通过增加预算，开展形式多样的居民支援项目来提升国家公园当地居民的福利水平，庆州国立公园也参与其中。比如"名品小镇"项目。"名品小镇"项目是国立公园管理公团及相关管理机构联合社会各方资源运作的一个盈利项目。通过在公园周边选择一些适宜的村庄、集镇等区域，在政府给予适当资金、信息技术的支持下，帮助周边社区居民发展"自然友好型"旅游，将这些村庄、集镇打造成集观光、游憩、避暑、疗养、住宿于一体的休闲观光场所。"名品小镇"的发展，不仅提高了周边居民的收入，提升了他们的生活水平；而且通过开展特色活动吸引游客，进一步提高了国家公园的知名度。③

---

① 조계중. 국립공원의 이념과 이용자들에 의한 훼손 그리고 보존 [J]. 한국산림휴양복지학회, 2004（04）.

② 虞虎，阮文佳，李亚娟，肖练练，王璐璐. 韩国国立公园发展经验及启示 [J]. 南京林业大学学报（人文社会科学版），2018，18（03）：77-89.

③ 闫颜，徐基良. 韩国国家公园管理经验对我国自然保护区的启示 [J]. 北京林业大学学报（社会科学版），2017，16（03）：24-29.

8.3 开展公益活动，履行社会责任

韩国国立公园不仅采取行动提高了周边居民福利，而且实施措施给予困难人群经济援助。庆州国立公园建设通过预约制的探访道路开放、缆车设施运营、文化财观赏费，以及开展自然环境课堂项目（如生态探访研修院、青少年登山教室等）等措施，给当地失业与弱势家庭提供就业岗位，并且通过国立公园网站为当地企业营销，在园区内实行特许经营制度，园区外围私人土地上允许地方居民参与部分产业经营。[①]

九、安全管理与公园可持续发展研究

9.1 可靠的安全管理可以及时应对突发事件

庆州国立公园在安全管理方面也作出了积极努力。首先，在自然与文物景观安全管理方面。公园管理机构会对到访游客进行宣传引导，对资源及文物景观进行持续性的安检，并制定了协同救助的措施。其次，扩大监控器安全适用范围，防止和减少自然性的损坏和人为事件的发生。再次，在游客安全管理方面。对于游客的身体健康问题进行了特别关注，对游览过程中可能出现的身体疾病制定了应对措施，防范访客突发健康事件。比如，针对登山导致的心脏骤停死亡事故，配备自动体外除颤器。

9.2 积极采取措施，实现可持续发展

庆州国立公园内有着丰富的珍稀自然资源和为数众多的文化遗产和历史遗迹，空气清新干净，水质安全洁净，是韩国国内的度假胜地。每年都有大量的国内外游客前往庆州国立公园游玩，这也给公园内的自然和文化遗产设施造成了一定的压力。因此，积极采取措施以促进公园内的可持续发展显得

[①] 虞虎，阮文佳，李亚娟，肖练练，王璐璐. 韩国国立公园发展经验及启示 [J]. 南京林业大学学报（人文社会科学版），2018，18（03）：77-89.

尤为重要。目前，庆州国立公园在资源环境监测、科学研究、访客管理、安全救助等重要领域投入现代科技手段进行精细管理，以促进公园的可持续发展。

9.2.1 定期资源情况调查以保护生物多样性

在资源多样性保护方面，每10年进行1次自然资源调查，掌握生态系统变化情况，通过水质测定网对主要河流和溪谷的水质与水生物进行监测和管理；设置雨量自动警报设备以预报和防止山体滑坡、泥石流等灾难的发生。

9.2.2 建立合作机制以保护文化资源

在文化资源保护方面，搭建文化资源合作网络并建立数据库，引入文化资源智能手机软件应用系统并向国民发布探访信息和资源资料信息，提高文化资源保护精确度。[①]

9.2.3 对公园区域调整情况进行动态管理以预防可能性破坏

在公园层面，对国立公园的入选制定、废止和区域变更进行动态管理，每10年内分析国家公园区域调整的必要性和可行性以反映到远景规划中，并通过土地所有权的赎买和土地性质变更，保持和扩大高价值核心区域，预防可能性的破坏，推动生态资源的国有化。

9.2.4 及时周到的访客管理措施提升人性化管理水平

在庆州国立公园的访客管理方面，有一些非常人性化的访客管理措施提高了游客的游玩体验。主要体现在以下几个方面：第一，提高道路、紧急避难所等现有公园设施的功能性和便利性。第二，采取应对和预警措施提升游客游玩的安全性。比如在一些易发生自然灾害的区域，公园管理机构会预先建立预警机制，提前发出警报并告知访客；比如建立"无障碍探访路"体系，给予老弱病残孕人群特殊照顾。第三，采取相关机制或措施呼吁游客保护环境。目前公园内实行的"绿色积分制"——用垃圾换积分，用积分换礼物——的方式就是一个典型例子。

---

① 虞虎，阮文佳，李亚娟，肖练练，王璐璐. 韩国国立公园发展经验及启示 [J]. 南京林业大学学报（人文社会科学版），2018，18（03）：77-89.

十、总结

　　韩国庆州国立公园作为韩国唯——座历史遗迹形态公园，是被联合国教科文组织认定的世界十大文化遗产之一，具有极高的历史价值。在遗产保护管理模式方面，庆州国立公园的所有权归韩国政府所有，采取由韩国环境管理部指定韩国国立公园公团直接管理的垂直管理模式。在财政模式方面，国家财政拨款是它主要的资金来源。在旅游开发利用方面，庆州国立公园实施免费的门票制度和社区共建、利益相关者共同管理的经营方式，并且实行了包括与国外 OTA 合作之类的创新性营销方式。这些旅游开发形式共同促进了庆州国立公园的经营发展。在履行社会责任方面，庆州国立公园的管理机构通过开展公众教育、社区支援政策和举行公益活动等方式履行社会责任，提升公众形象。在安全和可持续发展方面，庆州国立公园也实施了有针对性的措施来保障公园的健康发展，比如定期进行资源情况调查、访客管理等等。各个方面的共同努力促使庆州国立公园成为一个"可持续发展的社会"。

第七篇

日本奈良文化公园

一、公园概况

1.1 区位与地理位置

奈良公园（Nara Park）位于日本中部，奈良县北部的奈良市，奈良市是日本三大都市圈之一大阪都市圈的重要城市，同时也是日本历史名城和国际观光城市，有八处世界遗产，还是日本历史上有名的奈良时代（710–794）的都城，即日本历史上的第一个首都。奈良公园具体地址是奈良市登大陆町 30，靠近近铁"近铁奈良站"、JR"奈良站"，位于奈良市区的东侧、若草山下，不仅囊括收藏诸多贵重历史文化遗产的东大寺、兴福寺、春日大社、保存性文化设施国立博物馆、正仓院等建筑，且若草山、冰室神社等名胜古迹皆位于此。园内有许多野生放养嬉戏的鹿群，非常讨人喜欢，吸引着世界各地的游客。

1.2 面积

奈良公园东西长约为 4 千米，南北宽约为 2 千米，一般大众所理解的奈良公园占地 660 多公顷，面积广大，堪称世界上数一数二的开放式大公园。日本奈良公园官网发布的最新（2017 年 4 月）奈良公园基础数据显示，公园总面积为 511.33 公顷，其中平坦部占地 48.77 公顷，山林部占地 462.56 公顷①，壮阔、充满绿意、与自然完美调和，堪称罕见的历史大公园。

1.3 遗产特征

奈良市的世界遗产指 1998 年 12 月被列入世界遗产名录的"古都奈良的文化财"，它并不是单一设施的世界遗产，其特征是由 8 处设施、史迹、天

---

① 奈良公园［EB/OL］. http://nara-park.com/outline/，2019-12-31.

然纪念物等文化资产合成为一的文化遗产，整个奈良市区体现着世界遗产之价值，堪称"世界遗产"名城。其中既有被指定为国宝的建筑，也有遗产场所被指定为史迹的资产比如东大寺、兴福寺、春日大社、元兴寺、药师寺和唐招提寺，还有特别史迹即特别天然纪念物资产比如平城宫迹和春日山原始森林。

而奈良公园足足囊括了奈良市世界遗产的半壁江山，分别是东大寺、兴福寺、春日大社和春日山原始森林。奈良公园的文化遗产特征总结如下：

1.3.1 文化、文明的重要标志

奈良市是古代日本首都之一，作为国之中心，曾经引领日本文化和文明的发展。东大寺、兴福寺和春日大社是当时首都繁荣昌盛的证明，同时也让人们了解到奈良时代寺庙规划的部分状况。

1.3.2 深受国际间艺术与技术交流的影响

在与中国和朝鲜文化交流频繁的奈良时代（710-794），天平文化开花结果，繁盛一时。建筑样式、京城建造、服饰等社会各层面深受中国文化及佛教的影响，甚至还有罗马和波斯文化影响的痕迹。

1.3.3 保存着人类历史上重要时代的遗产

奈良时代是日本国家、文化基础得到规整的重要时代。圣武天皇（在位724-749）认为应该以佛教思想来统治和管理国家，在日本全国各地建立了国分寺。东大寺作为国分寺的中心留存至今，东大寺大佛蕴涵国家统一安定的愿望，一直完善保留至今。奈良公园的世界遗产是日本国起始的标志之一。

1.3.4 与信仰、传统等紧密相关

人类世界的信仰和传统中蕴涵着普遍价值。奈良市的世界遗产与神道、佛教等日本人的信仰有着密切联系。奈良公园的世界遗产，不仅在于神社佛阁等宗教建筑，作为传承持续数百年的传统仪式的场所也是不可或缺的。

1.3.5 不同于其他城市的世界遗产

首先，奈良公园在东亚世界遗产中显著具有再现性和协调自然性。包括日本在内的东亚古代首都中，能够以宫殿遗址和规划建造的木结构建筑群来展现古代首都面貌的城市只有奈良市。建筑群与大自然融为一体所形成的文化景观是奈良公园世界遗产的一大特色。其次，平城京（奈良市）比平安京

（京都市）更能传达古代首都的状态①。古代平安京的宫殿在都市化进程中已经被埋没，古代平安京的古城面貌也在战乱和城市变迁中消失不见了。同样被称为古都的京都市和奈良市是两个性质完全不同的城市。

1.4 核心自然人文资源

奈良公园的核心自然人文资源包括奈良鹿、春日山原始森林、春日大社、东大寺、兴福寺、奈良国立博物馆和冰室神社。

1.4.1 奈良公园与神鹿同乐

奈良公园内最为有名的是约 1200 头春日大社的鹿群，它们被看成是神的使者而受到人们的悉心照顾，并被指定为国家自然保护动物②。凡是进入奈良公园的人，都不急于观景拍照，而是到庭园的草地上和小鹿们嬉戏玩耍一番。这也是绝大多数游客来奈良公园的目的——人鹿同乐。鹿是奈良公园的象征。根据食性，奈良鹿分为生活在公园平地的"公园鹿"和生活在山上的"若草山鹿"两种，它们都以食用青草为主。主食青草是奈良鹿不同于其他地区野生日本鹿的最主要之处③。奈良满大街乱跑的鹿是受保护动物，古时候更被视为伟大的神鹿，连官员遇到神鹿都要伏地迎接④。

1.4.2 养护良好的春日山原始森林

春日山位于奈良县北部。公元 9 世纪中叶，由于春日大社禁止砍伐树木和狩猎，原始林得以保护，并作为与春日大社不可分离的景观和春日大社一起被列入联合国教科文组织的世界遗产名录。春日山原始林环绕全长 9.4 千米的散步道。游人在山中可以被郁郁葱葱的巨树治愈心灵。而对昆虫和鸟类的观察等，此处作为与自然接触的场所也极好。一部分与散步道并行的石板瀑布坡道是通向剑豪里柳生的旧柳生街道，林内处处可见石佛。

1.4.3 神社总社春日大社

之所以叫"春日大社"，是因为神社所在这座山叫"春日山"，而这座神

---

① 公益社团法人　奈良市观光协会. 奈良市的世界遗产
　　[EB/OL]. https://narashikanko.or.jp/cn/feature/world-heritage/, 2019-12-31.

② 刘少才. 日本国家名胜：奈良公园 [J]. 南方农业, 2019, 13 (04)：1-4.

③ 公益社团法人　奈良市观光协会. 奈良鹿的 4 项小知识
　　[EB/OL]. https://narashikanko.or.jp/cn/feature/deer/, 2019-12-31.

④ 叶舒婧. 在奈良邂逅一头鹿 [J]. 企业观察家, 2016 (02)：128.

社也是日本全国上百所"春日社"的总社，与伊势神宫、石清水八幡宫一起被称为日本的三大神社。春日大社的建筑特征为并立的 4 个社殿组成的本殿，围绕本殿的朱红色的回廊与春日山麓的绿色丛林相映生辉，与屋檐下的灯笼和社殿一起构成了一幅情趣盎然的风景画。夏天和冬天，在春日大社内举行称作万灯笼的传统仪式，仪式期间，2000 只石灯笼和 1000 只吊灯笼全部点亮，令参拜人群流连忘返。另外，春日大社以南的若宫神社每年冬天也举行春日若宫庙会活动。

1.4.4　总寺院东大寺

被列入世界遗产名录的东大寺又称大华严寺，是全国 68 所国分寺的总寺院，据说是因为建在首都平城京以东，所以被称作"东大寺"，是世界遗产最大木造建筑。正面宽度 57 米、进深 50 米的世界最大的木造建筑东大寺大佛殿内，安放着高 15 米以上的佛像。另外，在占地面积广大的东大寺院内，还有许多不应该错过的景点，例如，南大门、二月堂、三月堂等。南大门有高 8 米以上的双体金刚力士像。从二月堂能够俯视大佛殿并可一览无余地眺望奈良市区。三月堂是东大寺最古老的建筑物，里面陈列公元 8 世纪的雕像。

1.4.5　日本国宝兴福寺

奈良公园内的兴福寺占地 4 平方千米。高约 50 米的兴福寺五重塔是仅次于京都东寺五重塔的日本第二高的古塔，现在作为古都奈良的象征受到人们的喜欢。塔旁边的东金堂也作为 15 世纪建造的古建筑物被指定为国宝。堂内放置着铜制药师佛和智慧佛文殊菩萨坐像等，祈求学有所成的参拜客络绎不绝。另外，国宝馆 2010 年 3 月经过重建后，陈展佛像增加。馆内展览有包括在日本掀起热潮的阿修罗像，公元 8 世纪的雕像等兴福寺内流传下来的文物。在兴福寺的放生池——猿泽池的四周，修建有柳荫覆盖的约 360 米长的徒步游览路。沿着游览路散步，可以看见池中的鲤鱼和乌龟。绿树掩映下五重塔、映有喷泉与五重塔的优美倒影的水面、相隔猿泽池眺望对面兴福寺的景观等都是奈良最有代表性的风景，受到了游客的喜欢。

1.4.6　重要文财奈良国立博物馆

奈良国立博物馆是 1894 年完工、1895 年开馆的本馆，是明治时期的西方风格建筑，馆藏品以佛教美术为主，占了藏品大半。国立博物馆历史悠久，具体包括 1894 年竣工的重要文化财产"旧帝国奈良博物馆本馆"（现为奈良佛像馆、青铜器馆）、佛教美术资料研究中心、东新馆、西新馆、地下回廊。

自昭和二十一年（1946）起，保存在东大寺正仓院内的圣武天皇的遗物开始向世人展示，奈良国立博物馆承担了这一重任 ①。1972 年完工的西新馆，是昭和时代的校仓风格建筑，外观简洁，古色古香。馆前还有一个大水池，景色优美。

1.4.7　罕见神社冰室神社

冰室神社供奉着守护制冰业和冷藏冷冻业的冰之神，非常罕见。公元 710 年时，元明天皇迁都平城京（今奈良市）时，在吉成川上游建冰池和冰室，每年春天用上年冬季储存的冰祭奠冰之神，祈祷来年风调雨顺。冰室神社也是著名的奈良为数不多的赏樱地，每到樱花盛开时节，千朵万朵樱花开，更是吸引无数赏樱人前来观光。

二、公园发展历史

奈良都城在 1300 年前的 710 年（和铜三年）自飞鸟藤原宫迁都至平城京、移至山城国长冈期间作为首都维持长达 74 年，在此期间日本孕育出了华丽的天平文化。东大寺、兴福寺等南都七大寺与春日大社等社寺佛阁均在这一时期创建或移筑至此，奈良公园作为门前町得以发展，之后又成为游山、玩水、观光的胜地。1888 年成为县立公园，1922 年被指定为日本的国家名胜。

2.1　奈良公园历史总览

2.1.1　古代至近世奈良公园的主要历史

奈良公园是奈良时代在平城京设立都城时建造寺社佛阁以来的历史景观。在古代，春日野、春日山常常是万叶集和歌的题材，奈良自古便是宫廷人士绝佳的游乐逍遥胜地。如表 7-1 所示，万叶集中记载有关奈良地名的和歌多达 86 首。

---

① 凌瑞蓉，薛皓冰．博物馆介绍　日本奈良国立博物馆与正仓院展 [J]．上海文博论丛，2014（01）：97．

表 7-1 万叶集中记载有关奈良公园地方的和歌统计 [①]

相关和歌	数量
野（春日野、浅茅原等）	29 首
山（春日山、御盖山等）	40 首
川（率川、能登川等）	17 首

在近世，仿照中国的传统绘画主题"潇湘八景"，日本也在全国各地评选出"八景"名所。奈良的南都八景可见诸宽正六年（1465）的文献，是日本最早选定的八景。八景在江户时代发行的《大和名所图会》及《新撰大和名所往来》等书籍中均有出现。具体的八景如下：

①东大寺的钟

②春日野的鹿

③南圆堂的藤

④猿泽池的月

⑤作保川的萤

⑥云井坂的雨

⑦轰桥的旅人

⑧若草山的雪

在此八景中，奈良公园所囊括的就占据五处，观赏价值极高。奈良公园聚集了以信仰和观光为目的的人们，自古以来就是人们喜爱的地方。如下表所示，笔者梳理了该阶段主要历史事件 [②]。

表 7-2 古代至近世奈良公园主要历史事件 [③]

时代	年号	公历	事件
飞鸟	和铜元年	708 年	平成迁都之诏
奈良	和铜三年	710 年	平城奠都、兴福寺等各大寺院相继从飞鸟迁往平城京
	天平胜宝四年	752 年	东大寺大佛开眼祭祀（东大寺要录）
	神护景云二年	768 年	春日神社创建（社记）

---

① 奈良公园的概况 [EB/OL]. http://nara-park.com/zh-cn/outline/, 2019-12-31.

② 奈良公园的历史 [EB/OL]. http://nara-park.com/history/, 2019-12-31.

③ 数据来源：《奈良公园史》《奈良公园史年表》及《名胜奈良公园保存管理·活用计划》。

续表

时代	年号	公历	事件
奈良	延历三年	784 年	迁都山背长冈
平安	承和八年	841 年	以春日山为神山，禁止狩猎伐木（三代格）
	贞观元年	859 年	扩充藤原良房、春日社的神殿、院内地，振兴春日祭祀（社记）
	保延二年	1136 年	创始若宫祭（略年代记）
	治承四年	1180 年	平氏的南都烧毁（玉叶）
镰仓	建久六年	1195 年	大佛殿落成供养、后鸟羽天皇行幸、将军源赖朝出席（吾妻镜）
	正治元年	1199 年	东大寺三月堂南大门建立（续录）
南北朝	弘和二年	1382 年	春日社烧毁。足利义满主持复兴（永德二年记）
室町	应永六年	1399 年	兴福寺金堂供养、足利义满出席（兴福寺供养记）
	永禄十年	1567 年	松永久秀烧毁大佛殿（多闻院日记）
江户	宽永十一年	1634 年	免除江户幕府、奈良町的弟子（德川实纪）
	嘉永三年	1850 年	建立"植樱枫之碑"（碑铭）
明治	明治元年	1868 年	奈良县取代了大和镇抚总督府

2.1.2　明治以后奈良公园的主要历史

到了明治时代，作为近代化政策的重要一环，公园制度建立，奈良公园诞生。从明治到大正、昭和时期，诸多文人墨客造访、住在奈良，留下许多点评奈良公园景观特色的记载。经过公园扩建、整修等变迁，今天作为代表日本的公园广为人知。如下表所示，笔者归纳总结了该阶段的重大历史事件[①]。

表 7-3　明治以后奈良公园主要历史事件[②]

年号	公历	事件
明治十三年	1880 年	基于太政官布达，于明治十三年（1880）2 月 14 日开设奈良公园
明治二十二年	1889 年	告示包括春日野、浅茅原等名胜地、东大寺、冰室神社等寺院神社境内地、若草山、春日山等山野在内的新奈良公园地（奈良县立奈良公园）

---

① 奈良公园的历史［EB/OL］. http://nara-park.com/history/, 2019-12-31.
② 数据来源：《奈良公园史》《奈良公园史年表》及《名胜奈良公园保存管理·活用计划》。

续表

年号	公历	事件
明治二十五年	1892 年	在兴福寺和东大寺旧址内种植了数百株樱花树、枫树等
明治二十八年	1895 年	在花山、芳山、春日山上种植杉树和松树，帝国奈良博物馆开馆
明治三十年	1897 年	公园平坦地、芳山种植枫树、樱花、柳树、松树、百日红、杉树等
明治三十三年	1900 年	春日山周游道路开通式
明治三十五年	1902 年	奈良县物产陈列所完工
明治三十六年	1903 年	奈良县公会堂（1 号馆）完工
明治四十一年	1908 年	奈良公园蓬莱池竣工
明治四十三年	1910 年	春日野运动场完工
大正十一年	1922 年	奈良公园被指定为名胜
大正十二年	1923 年	春日大社栎树林、知足院纳拉诺耶樱被指定为天然纪念物
大正十三年	1924 年	春日山原始林被指定为天然纪念物（昭和三十一年被指定为特别天然纪念物）
昭和三年	1928 年	春日山周游公路机动车道通车
昭和七年	1932 年	罗密斯蚬贝栖息地被指定为天然纪念物，东大寺旧址被指定为史迹
昭和十二年	1937 年	包括春奈良公园的地方被指定为风景区
昭和十四年	1939 年	开通若草山麓车道
昭和十五年	1940 年	把东大寺及兴福寺从奈良公园区域划出
昭和二十二年	1947 年	从奈良公园区域除籍东大寺、兴福寺、手向山八幡宫等地
昭和二十九年	1954 年	奈良县立公园条例、奈良县立公园条例施行规则
昭和三十二年	1957 年	"奈良鹿"被指定为天然纪念物
昭和三十五年	1960 年	根据都市公园法规定城市公园的名称、位置及区域
昭和四十一年	1966 年	包括奈良公园一带的奈良市历史的风土保存区域被指定为春日山地区
昭和四十二年	1967 年	包含春日大社、东大寺、兴福寺等奈良公园一带被指定为春日山历史的风土特别保存地区
昭和五十五年	1980 年	奈良公园开设一百周年纪念展在县文化会馆举行
昭和六十二年	1987 年	奈良县新公会堂完工
昭和六十三年	1988 年	以奈良公园一带和平城宫遗址为会场，举办丝绸之路博览会

年号	公历	事件
平成十年	1998 年	奈良公园一带（东大寺、兴福寺、春日大社、春日山原始林）被列为世界文化遗产"古都奈良的文化遗产"（Historic Monuments of Ancient Nara）
平成二十七年	2015 年	新公会堂的名称变更为"奈良春日野国际论坛"，在与丝绸之路交流馆的一体化改修工程完工后重新开放

2.2 从"春日社"到"春日大社"

春日大社这片土地最初供奉的是春日的土地神。后由藤原氏将"武瓮槌命"和"经津主命"分别从鹿岛、香取请入此地供奉，之后又迎入了枚冈的"祖神天儿屋根命"和"比壳神"。768 年（神护景云二年），集这四个神灵于一处的春日社成立，原为皇室贵族藤原氏家社的春日社，发展成为国家举行祭祀活动的地方。平安时代，社殿形成现今的规模，除了藤原氏本身，其他的皇室贵族也时常到此参拜。室町时代的历代足利将军，也将参拜这里作为例行的活动。11 世纪末，兴福寺实际上掌握了春日社的实权，将春日社与自身合为一体。1135 年（保延元年）春日若宫社兴建，翌年开始进行"若宫祭"。这个时期，兴福寺的僧兵抬着春日社的神木，上京都强诉的事件时有发生。

镰仓时代以后，春日社同伊势神宫、石清水八幡宫一起，被世人并称为"三社"，受到了国民的崇拜。若宫祭在 14 世纪末开始成了大和国的国家祭典后，春日社在庶民间的信仰也普及起来。从 3000 多座参道上由信民捐赠的石灯和回廊上的吊灯上，就可一窥当年人们争相参拜的情形。

明治维新后，春日社摆脱了兴福寺的支配，1871 年（明治四年）成为官社，1946 年开始，春日社正式称名为春日大社。春日大社南门内，正面是捐赠钱物和演奏神乐的拜神所，左手是直会殿，隔着拜神所的前庭，一处高出一阶的地面上坐落着中门，再向内行，则是正殿。正殿从东数起共四殿，全部都是铺以桧皮的"春日造"式殿堂。从镰仓时代开始，这些建筑每隔 20 年就拆掉，再按原样重新修葺一次，所以现存的这四座殿堂虽是 1863 年（文久三年）重建的，却原汁原味地保留着平安时代的风格。明治以后，出于对文物的保护，不再进行重建，只以修缮屋顶等手段进行维护。

2.3 森林养护典范：春日山原始森林

9世纪左右，春日山作为春日大社的神山因禁伐令等积极保护措施而保持了原始性，在被禁止砍伐树木达1000余年中长成为以橡树、紫杉类为主体的常绿阔叶树为主的原始森林，温带、寒带的树木共同混生，形成了由800多种植物种类构成的多样性植物生态体系。春日山还栖息着美洲斑蛙、姬春蝉、高尾山椒鱼等罕见的动物。昭和三十年（1955年）春日山被指定为特别天然纪念物，并且平成十年（1998年）被登录为世界遗产。作为春日信仰的重要圣地、位于奈良的春日山长久以来禁止一般信众的登拜活动，但随着春日大社入选世界遗产名录，春日山也开始接受一般信众在神职人员的引导下进行登拜活动①，目前游客可以通过春日山步行道参观游览。

春日原始林，并不是在严格意义上的原始林，春日原始林中还有在16世纪由丰臣秀吉种植的约1万棵杉树。由于遭受历史上记载的数次台风灾害，为了尽早恢复所受到的毁灭性灾害，将原有物种增加补植是当时必要的措施，而这在某种程度上被人工地"加工"过了②。

2.4 从"神鹿"到"家鹿"

鹿是奈良公园的象征之一。公元710年，奈良成为了日本的首都，名为平城京。传说在当时建御雷之男神也骑着白鹿迁移到了现在的春日大社，奈良的鹿就在那个遥远的时代来到了奈良，它们因此被称为神的使者而受到人们的悉心照顾，捕鹿、杀鹿、伤鹿者，定会受到严厉惩罚。在1637年之前，杀死一头鹿甚至会被判处死刑。鹿曾因明治时期的圈养，剧减至不足百头，然而经后人努力保护，终成国家的天然纪念物，犹如国宝，"二战"之后，这里的鹿依旧被视为国宝而受到保护。现在的奈良鹿作为天然纪念物，并被指定为国家自然保护动物，同样受到重视和保护，奈良人成立"奈良爱鹿协会"，1000多名会员几乎一对一，成了神鹿的守护者。

奈良公园里的鹿，代代繁殖至今已经1300多年，据说现在奈良公园里，

---

① 川合泰代，白松强. 论以入选世界遗产名录为契机而产生的新宗教文化——以春日大社春日山炼成会的活动为题 [J]. 文化遗产，2011（01）：1-9+112+157.

② 春日山原始森林 [EB/OL]. http://www.pref.nara.jp/25846.htm, 2019-12-31.

仍然存在后脚有白毛的鹿，奈良人相信那些有白毛的鹿是神使的后代，看到的人就能获得幸运。奈良的鹿是日本鹿，学名 Cervus nippon，属于日本原生品种。日本鹿公鹿平均寿命 15 岁，母鹿平均寿命 20 岁。①

这些在园里旁若无人、自由自在的"圣鹿"，其实都是野生鹿。春日大社内有鹿苑，收容、照顾着约 300 头因车祸受伤行动不便的鹿，以及怀孕即将生产的母鹿，因为怀孕的母鹿很敏感，很容易被游客激怒，发生危险。由于长期接受着游人的"供奉"，和人类亲密接触，野生鹿和家养鹿已没多大差别了。鹿群大部分集中在奈良公园的庭园，因为这里游客众多，游客能够给鹿群提供充足的食物。它们也会出现在街道的各处，甚至进入餐馆、公共休息室等，向人们索要食物。几个世纪的习性，让它们不再惧怕人类。

2.5 浴战火重建的东大寺大佛

东大寺耸立在奈良市东北面若草山（亦称春日出）脚下的丛林中，其供奉在东大寺金堂——大佛殿内的大佛是奈良的象征之一。信奉佛教的圣武天皇希望借助佛祖来稳定当时政治，于 728 年始建东大寺，之后他下令举国建造国分寺，并在 743 年（天平十五年）下诏建造卢舍那佛，号召国民本着"一枝草，一捧土"之心为建造大佛出力。响应这个号召，行基和他的弟子们也参与其中，终于历时 7 年，于 749 年（天平胜宝元年），大佛建成。接着大佛殿也建成，752 年（天平胜宝四年）佛祖开眼供奉法会召开，其后各项工程仍相继进行。可以说当时东大寺的修建是一项倾尽国力的大工程。该寺的伽蓝（寺庙的建筑）规模庞大，不见首尾，南大门的正面，连接着中门的回廊环绕着大佛殿，在其前方左右两边矗立着东西两座七重宝塔，后方是僧坊围绕着的讲堂，讲堂东处则配备有食堂。东面的山地中座落着法华堂、二月堂，西面是戒坛院，西面最北处为转害门，西北则是正仓院。奈良时代东大寺奴婢的人数大致在 300 人至 400 人之间徘徊。②

平安时代，作为总国分寺的东大寺显赫一时，可惜在 1180 年（治承四年）源平之争中，大佛、大佛殿，以及除正仓院、法华堂、钟楼、转害门等

---

① 七日野鬼．和奈良的小鹿玩耍时必须知道的小常识 [EB/OL]．https://www.517japan.com/viewnews-104083.html, 2019-12-31.

② 章林．日本奈良时代东大寺奴婢 [J] 牡丹江大学学报，2013, 22（02）：3-5.

之外的堂塔建筑几乎全部烧毁，以传统活动"御水取"闻名的二月堂，虽然在这次战争中得以幸免，可惜在 1667 年（宽文七年）毁于火灾，2 年后又得以重建。1670 年（宽文十年）俊乘房重源以被烧失的大佛殿为中心，开始了东大寺伽蓝的复兴营造，此举得到源赖朝公的支持。在中国宋朝工匠陈和卿的协力下，1185 年（文治元年）大佛修复完成，1195 年（建久六年）采用宋朝新建筑形式"大佛样"的大佛殿修建完成。4 年后南大门建成，这也是保存至今的"大佛样"式建筑。1200 年（正治二年）开山堂建成，接着数年后建成的是风格豪迈的钟楼，另一方面，法华堂南侧的礼堂也改建成"大佛样"的风格，与正堂连接在一起，使整体变得统一而富有美感。

1567 年（永禄十年），在松永久秀和三好三人众的战争中，大佛殿、戒坛院等建筑再次烧毁，虽然寺僧们几经努力，仍无法得到重建。直到 1684 年（贞享元年），在幕府的支持下，公庆上人开始主持东大寺的复兴工程，1692 年（原禄五年）大佛修造完毕，大佛殿也在 1709 年（宝永六年）落成。虽然重建工程得到了幕府的资助，但是经费仍然十分紧张，使得大佛殿规模缩水不少，其正面宽度比初建时缩短了 27 米，即使这样，大佛殿仍旧是现今世界最大的木造建筑，高 48.74 米，长 57.01 米，宽 50.48 米[①]。至明治初期，大佛殿出现了屋顶倾斜等很多老化问题，直到明治末期的 1909 年（明治四十二年），修整工程才终于开始着手进行，1913 年（大正二年）竣工。昭和年间，南大门、转害门等处也得到了修理，1978 年（昭和五十三年）大佛殿屋顶还更换了 11 万块新瓦。

1997 年秋，出席"中韩日三国佛教友好交流会议"的三国代表曾在这里共同举行了祈祷世界和平法会。1998 年东大寺作为古奈良的历史遗迹的组成部分被列为世界文化遗产。

表 7-4　东大寺大佛详细数据[②]

部位	长度
坐高	1498cm
脸长	533cm
脸宽	320cm

① 黄启臣 . 游日本奈良两个寺散记 [J]. 岭南文史 ,2003（01）：54-56.
② 数据来源：奈良市观光协会 . 东大寺大佛 [EB/OL]. https://narashikanko.or.jp/cn/feature/daibutsu/, 2019-12-31.

续表

部位	长度
眼长	102cm
鼻宽	98cm
鼻高	50cm
口长	133cm
耳长	254cm
手掌长度	148cm
中指长度	108cm
脚长	374cm
膝高	223cm
铜座高度	304cm
石座高度	252~258cm

2.6 兴福寺的重建复原史

身影倒映在猿泽池中的兴福寺五重塔，是奈良的标志性风景。五重塔建造后曾 6 次遭火灾烧毁，被指定为国宝的现在的五重塔是公元 1426 年重新建造的。传说前身是根据藤原镰足的遗愿建成的山阶寺，后迁至飞鸟称为厩坂寺，平城迁都后又被迁至现地的。而实际上兴福寺是镰足之子藤原不比等发愿建立藤原氏的家寺。中金堂建成后不久，就被收为官寺。接着在 721 年（养老五年）北圆堂建成，726 年（神龟三年）东金堂和五重塔建成，734 年（天平六年）西金堂建成，至此，兴福寺庞大的规模基本形成，平安时代初的 813 年（弘仁四年），藤原子嗣又修建了南圆堂。随着藤原一族势力的壮大，兴福寺规模也不断延伸，寺院伽蓝外又建设了一乘院、大乘院等子院，并宣称与春日大社同为一体，将春日大社的实权纳入手中，1135 年（保延元年）修建了若宫社，于翌年开始举办若宫祭。在不断兼并寺院神社的同时，兴福寺还招募当地武士，编为僧兵，意欲统治大和一带。

1180 年（治承四年）在平氏的讨伐下，兴福寺堂塔建筑全毁。其后历经 14 年，又得到重建。1210 年（承元四年）北圆堂也建成，1143 年（康治二年）创建的三重塔，现在也被认为是镰仓前期重建的建筑。

1411 年（应永十八年）东金堂和五重塔又毁于雷火，东金堂于 1415 年（应永二十二年）重建，五重塔于 1426 年（应永三十三年）重建。这段时期，兴福寺势力渐微，直到江户时代，得到幕府的保护后，情况有所好转。1717 年（享保二年），金堂起火，引起的大火灾又烧毁了大半堂舍，只有东金堂、五重塔、北圆堂、三重塔幸存下来。后来只有南圆堂按照原来的样式得到复原。进入明治时代，在明治维新的神佛分离政策影响下，兴福寺几乎成了一座空寺，1872 年（明治五年），除了中心的堂塔建筑，其他诸院的堂舍、围墙全部拆除，连五重塔也被卖了出去。

1881 年（明治十四年），兴福寺得到了重建的许可，逐渐开始恢复。1998 年（平成十年）至今，复原兴福寺昔日壮大伽蓝的工作也在着手进行当中。

三、遗产保护管理模式

3.1 奈良公园管理模式：大部分属地化管理

奈良公园属于日本国家所有，由奈良县（一级行政区）管辖。依照太政官布达，奈良县立都市公园在 1880 年（明治十三年）2 月 14 日开园。园内大部分是国有地，奈良县无偿借用管理[①]，因而奈良公园管理模式属于政府管理中的属地化管理，将原由中央所属的在各县的地质勘探单位统一划到各县，由县级政府国土资源管理部门管理，落实到具体则是奈良县县土管理部城市建设推进局奈良公园办事处管理。

3.2 奈良市保护世界遗产的努力

3.2.1 设置世界遗产周边环境的缓冲和过渡地带

世界遗产地的保护包括对其周边控制地带（缓冲区）的绝对保护。设置保护世界遗产周边环境的缓冲地带，以及协调城市开发与保全环境的过渡地

---

① 陈晨. 大 C 游世界　漫步日本奈良公园与鹿共舞 [EB/OL]. http://dcdv.zol.com. cn/381/3814960.html, 2019-12-31.

带，是申请世界遗产的必备条件之一。世界遗产周边环境的缓冲地带（Buffer Zone）就是通过对世界遗产周边的特定区域进行土地利用控制，消除遗产边界外部威胁、保护和加强世界遗产突出的普遍价值（OUV）的一种区划管理方法①。而过渡地带是更广意义上的外围保护。奈良市划定了以上两种区域，致力于广泛地保护世界遗产的环境和景观，具体空间布局如下图所示。

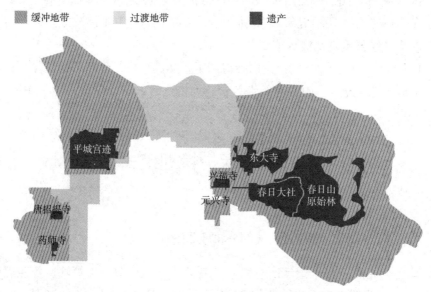

图 7-1　奈良市世界遗产周边环境的缓冲地带与过渡地带布局图②

3.2.2　举行若草山烧山活动

春日山（御盖山）与其北临的以早春时烧荒而闻名的若草山（三笠山）相连，它的西面斜坡一带，自从作为春日大社的神社草丛于 841 年开始禁止采伐和狩猎以来，被严密保护起来。经过长期封山护林，树林已完全恢复了原始的状态，1955 年被指定为特别天然纪念物。

春日山原始森林的保护不仅表现在永久性的禁伐令和禁捕令，更有积极

① 贾丽奇，郭华敏.《实施世界遗产公约的操作指南》中关于"缓冲区"条款的修订解读 [J].规划师，2015，31（S2）：42-45+49.

② 数据来源：奈良市观光协会.奈良市的世界遗产 [EB/OL]. https://narashikanko.or.jp/cn/feature/world-heritage/, 2019-12-31.

的人治色彩。16世纪春日山原始森林由于遭受了数次台风侵害，生态环境受到了毁灭性的破坏。为了尽早恢复林木，丰臣秀吉发起补种原有的约1万棵杉树，从而挽救了春日山原始林。

现在对于春日山原始林的保护措施除了延续1100年左右的封山育林以外，还对进入春日山游玩的游客进行了限制。比如为了保护原始森林，每日仅限一部分单行车辆通行且针对不同的车辆类型收取过山费用；观光游客只能在规定的步行道徒步；禁止在林内使用烟花、篝火；禁止在山内留下垃圾等。

同时，日本每年冬去春来之际的1月15日，奈良公园里的若草山必举行烧山活动，对于烧山的原因，主要是防止自然火灾殃及周边寺舍，还有诸如辟邪等其他说法。烧山活动从下午6:30开始，约33公顷的山体被大火所笼罩，满山遍野被点燃的熊熊火焰映红了半边天，十分壮观，兴福寺中的五重塔塔身在金灿灿的背景中轮廓凸现。加上礼花的助威，热火朝天的气氛被渲染得淋漓尽致。

3.2.3 世界遗产"古奈良的历史遗迹"总括的保存管理计划

日本教育委会事务局教育部文化遗产课于2015年3月31日为奈良县奈良市针对世界遗产保护标准制定了世界遗产"古奈良的历史遗迹"总括的保存管理计划①。

首先掌握奈良遗产的现状，整理计划制定时所列的"突出的普遍价值的保存管理""与周围环境的整体的保全""促进公开、活用"的三点关于保存管理的基本方针，规定遗产保存的方向。并且，发挥充实监控和总括性保存管理的努力。如上所述，这个计划是在重新确认奈良的世界遗产所具有的显著的普遍价值的同时，为了其整体的保护而制定的万全之策。

最重要的一点是为了今后更好地保护奈良市的世界遗产，让更多的人共同了解遗产的本质价值在哪里，应共享价值保存管理的基本方针，明确提出这个计划是严格保存遗产，且在可持续地有效适当利用的同时，其价值以下一代继承上的指标作为测定。在个别的遗产中执行的完备事业的立案、行政的对策等，以及作为遗产的保护和缓冲地带的保全等推进时的指标，在所有可使用的遗产中推广使用。

---

① 奈良市政府. 世界遗产"古奈良的历史遗迹"总括的保存管理计划 [EB/OL]. http://www.city.nara.lg.jp/www/toppage/0000000000000/APM03000.html, 2019-12-31.

3.2.4 培养和孵化高中生观光特派员

为宣传奈良公园的魅力和普及遗产保护的知识，奈良市委托奈良市的优秀高中生作为观光特派员，主要任务是在修学旅行或个人旅行时通过个人博客、SNS 从自己的视角积极宣传奈良公园的魅力①。

3.3 保护文化遗产的努力受到高度评价

"古都奈良的文化财"不是单一设施的世界遗产，其特征是由 8 处资产合成为一的文化遗产，整个奈良市区体现着世界遗产的价值。在列入世界遗产名录之前，奈良市的城市规划中就制定了保护条规，市民们直接参与历史遗产的保护至今。并不是在列入世界遗产名录之后才着手保护，主动致力于文化遗产保护是奈良市值得自豪的地方。

四、财政模式

4.1 市政府财政预算平稳增加

奈良市政府每年度务实地面向奈良市城市和奈良人积极制定包括收入、支出的综合战略与计划。作为在世界上享有盛名的观光旅游之都，奈良市政府以落实世界遗产保护为根本落脚点，注重对本市观光经济部的投资决策，比如在其他经费中的维持修复费就是奈良市解决环境清洁与工厂老化的对策。2019 年（平成三十一年）财政预算预计在公园道路、河川等基础设施的维持修理要比前年度多 1.079 亿日元的增额（9.3%）②。

根据表 7-5 可知，2019 年度奈良市旅游经济部预算状况良好，与 2018 年预算基本保持一致。

---

① 奈良市政府. 高校生観光特派員［EB/OL］. http://www.city.nara.lg.jp/www/toppage/0000000000000/APM03000.html, 2019-12-31.

② 奈良市政府. 平成 31 年度当初予算的概要［EB/OL］, 2019-08-19.http://www.city.nara.lg.jp/www/contents/1550196666585/index.html, 2019-12-31.

表 7-5　2019 年度奈良市按部类局（一般会计）的预算状况①

（单位：百万日元）

部类局	2019 年度 预算要求额	2019 年度 当初预算额	2018 年度 当初预算额
旅游经济部	2910	2843	2916
合计	144 551	133 800	130 526

　　针对 2019 年奈良市对旅游战略科、产业政策科、农政科等负责科所投资的主要经费，笔者进一步明细如下表。可以看出，奈良市政府对旅游观光经济的事业经费核定通过率高，奈良市政府正积极推动奈良公园的财政健康运营。

表 7-6　2019 年观光经济部主要事业经费②

（单位：千日元）

负责科	主要事业	要求数额	要求内容	核定额
旅游战略科	线性新站招揽推进事业	8914	面向本市的线性中央新干线新车站的设置及早期全线整备，展开对有关机关和居民的诱发活动	8000
	2019 日本运动推进事业	4000	根据 Japonism2018 的成果，与县机构联合招聘法国的旅行代理人和媒体，实施 famtrip	4000
	旅游咨询所运营管理经费	102 300	奈良市观光中心、奈良市综合观光咨询所、近铁观光咨询所、西之京临时观光咨询所的运营管理所需经费	102 300
	公益社团法人奈良市观光协会补助金	208 500	奈良市观光协会的管理经费、对事业经费的补助（制作观光小册子、国内外游客等）	208 500
	鹿苑整备事业负担金事业	3667	为奈良县进行的鹿苑改修事业筹集负担金，以鹿的适当保护和管理为目标，同时提高鹿苑作为观光资源的价值，以吸引游客	3484

---

① 数据来源：奈良市政度．平成 31 年度当初予算案状况の公表 [EB/OL]．http://www.city.nara.lg.jp/www/contents/1550809322336/index.html, 2019-12-31．

② 数据来源：奈良市政府．平成 31 年度主な事業の要求・査定状況 [EB/OL]．http://www.city.nara.lg.jp/www/contents/1550809322336/files/kankoukeizai.pdf, 2019-12-31．

续表

负责科	主要事业	要求数额	要求内容	核定额
产业政策科	风险生态系统推进事业	55 550	构筑在地区创业，培育循环"风险企业生态系统"，支援激活地域特性的商业和地域创业	55 300
	移居、就业、创业支援补助金	8000	为了纠正东京圈极度集中而地方就业不足的偏颇，对从东京圈到地方就业和创业的移民进行补助	8000
	附加奖金的商品券发行事业	525 000	为缓和消费税率上升带来的影响和促进地区消费，面向低收入者及未满 3 岁的育儿家庭发行附加奖金的商品券	525 000
	劳动福利设施整备事业（劳动者综合福利中心）	6250	老化设施修复工程（高压受变电设备修复、空调修复）	500
	工商设施维修事业（工艺馆）	5808	修复老化设施工程（高压受变电设备修复）	0
农政科	奈良市场举办补助金	1000	为了普及对环境保护型农业的认知和扩大对"食"和"农"的重要性认知的活动，对奈良农业市场的活动举办进行补助	1000
	健康的森林建设事业	21 000	合理经营管理森林，集中了有积极性和有能力的林业经营者，谋求林业发展产业化和森林恰当管理	0
	防滑事业	4500	通过对可能发生灾害的农地进行邻接的土地的整备，以谋求防患于未然	4500
	县营维修事业	11 938	以确保优良集体农田的生产性和培养担当者为目标，在县营进行岗位整备事业	11 938
	排水整备事业	2000	通过整顿农业用排水渠，防止排水渠荒废，确保用水，提高农业生产率	2000
	农业整顿事业	4600	通过完善农道等设施，促进机器的引进，促进农业的振兴和生产性提高	4600
	市单独土地改良整备补助事业	40 300	对农业用设施（水路、蓄水池、农道等）的整顿、改修等进行补助，改善耕作条件和提高生产性	40 300
	为农业用水池检查调查事业	10 800	为了防备地震和洪水，针对防灾重点区域，设计修建水池	10 800

续表

负责科	主要事业	要求数额	要求内容	核定额
农政科	为农业用水池耐震调查事业	1700	为了防备地震和洪水，针对防灾重点区域制作了水池危险隐患图	1700
	森林工会活性化事业	3340	对间伐木材的搬出费用和造林所需的费用发放补助金	3340
	森林综合保育事业	12 000	对间伐及开设迷你工作道所需的费用发放补助金	12 000
	治山事业	24 100	为了防止因林地荒废而发生人身与财产等危险，进行治山事业	24 100
	农业用设施灾害修复事业	14 000	为了维持农业生产和稳定农业经营，对台风等暴雨造成的灾害，进行农业用地及农业用设施的灾害修复工程	14 000

4.2 私人投资不断扩大

奈良市政府旅游经济部中旅游战略科、奈良町振兴科、产业政策科、农政科均开展了多项活动吸引私人投资不断进入，为事业者的经营、就业和创业提供支援。

产业政策科开展了振兴工商业、保存和发展传统工艺、中小企业资金融资、消费生活资讯和就业支持等业务。2019 年，产业政策科不仅就旅游景区内的实证实验和支援事业面向民营企业主要是中小企业和民间组织进行招投标，还就旅游景点的项目经营者培训项目进行招生培训[①]，不断扩大标的为奈良公园引入私人投资。

4.3 社会募捐情况十分乐观

以奈良公园针对奈良鹿保护的奈良鹿爱护协会（the Nara Deer Preservation Foundation，NDPF）为代表，这样的社会组织募集了各种各样的捐款，用于世界遗产和天然纪念物的保护活动。奈良鹿爱护协会是一般财团法人，其发展沿革如下表所示。

---

① 奈良市政府．产业政策課．［EB/OL］．http://www.city.nara.lg.jp/www/genre/0000000000000/1000000000542/index.html, 2019-12-31.

表 7-7　奈良鹿保护组织沿革[①]

年号	公历	发展
明治二十四年	1981 年 7 月 18 日	春日神鹿保护会
明治四十五年	1912 年 4 月 1 日	春日神鹿保护会组织变更（改组）
昭和九年	1934 年 3 月 6 日	财团法人春日神社神鹿保护会设立许可
昭和二十二年	1947 年 4 月 23 日	财团法人奈良鹿爱护协会改正认可（改称）
平成二十五年	2013 年 4 月 1 日	一般财团法人奈良鹿爱护协会一般财团法人移行设立登记

　　除了售卖鹿饼、组织街头活动、在公司和店铺等设置募捐箱、放置自动贩卖机等募捐支援事业，奈良鹿爱护协会还会把销售奈良公园原创衍生品的收入一部分作为捐款额。除此之外，还推行会费制度，通过鼓励成为会员缴纳会费来作为一项重要的捐款来源。会员的会费是年度会费，不需要入会费。个人、团体、法人均可以成为会员。具体情况如下表所示：

表 7-8　一般财团法人 奈良鹿爱护协会年会费（4 月一次 3 月）[②]

（每口）

	个人会员	法人会员（企业、团体）
赞助会员	3000 日元	5000 日元
正式会员	5000 日元	10 000 日元

　　除此之外，还有公益社团法人奈良市观光协会等组织机构。

五、旅游开发利用

5.1　差异化定价的门票制度

　　囊括众多世界遗产的奈良公园总体上施行无门票制度，免费对游客开放，

---

① 一般财团法人　奈良の鹿愛護会．财团概要．[EB/OL]．https://naradeer.com/about/outline.html, 2019-12-31.

② 一般财团法人　奈良の鹿愛護会．会员のご案内．[EB/OL]．https://naradeer.com/member/, 2019-12-31.

比如庭园、春日大社正殿、东大寺内的正仓院、春日山原始森林的行人徒步道等，而在某些特殊的场所收取相应的门票。奈良市政府在奈良公园园内采取差异化定价制度，即分别针对不同的文化财产情况制定不同的门票价格，同时对个别文化财产内部进行二次分区，再根据不同风景区的情况进行估值定价；针对不同的群体征收差别价格的门票，如个人或是团体，在此中又可根据年龄段与残疾情况进行区分，常用的分类有小学生、中学生、高中生、大学生、成人、老年人与残障人优惠等。有关奈良公园核心文化财产如春日大社、春日山原始森林、若草山、东大寺、兴福寺、奈良国立博物馆的门票收取情况如下面这些表格所示。

表7-9　春日大社参观费（含税）[①]

正殿前特别参拜 初穗费 500 日元	
国宝殿	成人 500 日元 大学生、高中生 300 日元 中学生、小学生 200 日元
万叶植物园	成人 500 日元 未成年人 250 日元
团体（20 名以上）	成人 400 日元 未成年人 200 日元

表7-10　春日山原始森林汽车通行费用[②]

（单位：日元）

车型	摩托车	轻型汽车	小型汽车	普通汽车	总线
通行费	200	500	900	1000	1900

表7-11　若草山参观费[③]

（单位：日元）

	大人（中学生以上）	少儿（3 岁以上）
个人	150	80
团体（30 人以上）	120	80

---

① 数据来源：春日大社. 总体指南. [EB/OL]. http://www.kasugataisha.or.jp/about/basic_ch-k.html. 2019-12-31.

② 奈良公园. 春日山原始森林. [EB/OL]. http://nara-park.com/spot/mt-kasuga/, 2019-12-31.

③ 若草山. [EB/OL]. http://nara-park.com/spot/mt-wakakusa/, 2019-12-31.

表7-12　东大寺参观费①

个人	成人 600 日元 小学生 300 日元
团体	一般团体（30 名以上）550 日元 高中生（30 名以上）500 日元 中学生（30 名以上）400 日元 小学生（30 名以上）200 日元 教师免费
其他	大佛殿、三月堂、戒坛院需另收费

表7-13　兴福寺参观费②　　　　　　　（单位：日元）

		成年人和大学生	高中生和中学生	小学生
个人	国宝馆	700	600	300
	东金堂	300	200	100
	联票（包含上述两地）	900	700	350
团体（30名以上）	国宝馆	600	500	200
	东金堂	250	150	90
	联票（包含上述两地）	900	700	350

表7-14　奈良国立博物馆永久收藏展（含专题展）参观费③

（单位：日元）

	个人	团体折扣（20 名以上，可有孩子陪同）
普通门票	520	410
大学生	260	210
高中及以下	免费	免费

　　除了门票制度，集中在奈良公园的春日野园地、春日大社和若草山还有

---

① 公益社团法人　奈良市观光协会. 东大寺. [EB/OL]. https://narashikanko.or.jp/cn/spot/world_heritage/todaiji/, 2019-12-31.

② 公益社团法人　奈良市观光协会. 兴福寺. [EB/OL]. https://narashikanko.or.jp/cn/spot/world_heritage/kofukuji/, 2019-12-31.

③ Nara National Museum. Admission(Fees). [EB/OL]. https://www.narahaku.go.jp/english/info/02.html, 2019-12-31.

一项隐藏的费用，即对主要分布在这些区域的奈良鹿进行投喂所产生的费用。奈良鹿以青草为主食，也吃公园里售卖的鹿饼。据说鹿最爱的美食，第一是鹿仙贝，第二是橡木果实，第三才是地上的草。奈良公园里卖的鹿仙贝，80%是由武田俊男商店生产的，是用无糖无油的米糠和小麦粉为原材料特制的薄片饼干。武田俊男商店得到了春日大社宫司的认可，传承至今已经是第三代了，在春天和秋天两大观光旺季时，他们一天要生产3万～5万片的鹿仙贝。鹿饼售价统一规定为150日元，每年鹿饼的销售都是一笔可观的收入，且鹿饼使用的是一般财团法人奈良鹿爱护协会的商标，来自于商标使用费的一部分收益用于鹿的保护工作。

5.2 开发奈良鹿的相关丰富活动

奈良鹿保护组织一般财团法人奈良鹿爱护协会就不同时间段开发了奈良鹿的相关活动，吸引世界各地的游客来奈良与鹿同乐。

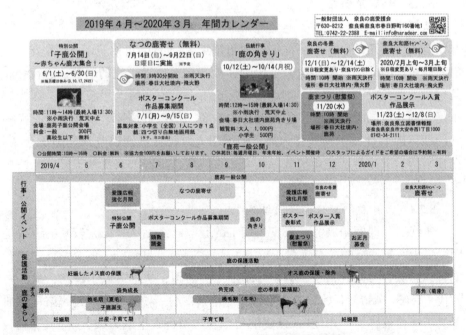

图7-2　2019年4月至2020年3月奈良鹿相关活动一览图①

---

① 一般财团法人　奈良の鹿愛護会．[EB/OL]．https://naradeer.com，2019-12-31．

5.2.1 飞掷鹿仙贝大会

每年3月下旬（春分）在若草山下都会举办投掷鹿仙贝大会。参加的选手投掷比一般鹿仙贝大三倍的特制仙贝，扔得最远的选手就是优胜者，可获得鹿角一对。活动当天，群鹿严阵以待，一有选手扔出去鹿仙贝，群鹿马上冲过去抢食。

5.2.2 群鹿聚集大会

每年冬天和夏天都会举办，通常是在上午9点或10点开始，但日期并不固定，举办地点就在春日大社内的"飞火野"。活动开始时，会有奈良鹿爱护协会的工作人员吹号，演奏贝多芬第六交响曲《田园》。公园里的群鹿听到音乐声之后，会从各处奔跑而来，这时工作人员会向群鹿投喂橡木果实，群鹿吃完橡木果实后，还会继续向周围观礼的游客索要仙贝。针对想要以个人名义欣赏群鹿聚集而来的壮观场面的游客，奈良鹿爱护协会接受个人的申请，并且收取2万日元。

5.2.3 切鹿角祭典

从江户初期开始，为了避免鹿角顶人，或者公鹿发情时互相攻击等，就开始有了切鹿角的祭典。公鹿们的鹿角每年2-3月会自然脱落，4月开始长出新鹿角。因此会在每年秋天（10月）鹿角已经成熟干硬的季节，进行切鹿角仪式。鹿角没有神经，切割鹿角公鹿也不会有疼痛感。尽管如此，因为鹿角是公鹿雄风的象征，所以它们会拼命挣脱，不想被切掉。祭典在春日大社内的鹿苑内举行，一群被称为势子的神职人员，将群鹿追赶到切鹿角会场，在神官指示下进行切鹿角仪式。场面非常热烈，是古都奈良秋天经典的祭典之一。

5.2.4 奈良鹿的衍生品：角细工

角细工，即鹿角制品。奈良角细工的起源已经无从考证，较新的记载是明治二十八年发行的《奈良名所指南》。其中有对奈良角细工的介绍，还印有烟管、念珠、刀架、梳子、簪子等角细工的插画，从中可以了解到，从江户时代（1603-1686）开始，角细工就已经是奈良的一项特产了。销售奈良角细工的店铺曾被称为"角屋"，众多的角屋制作销售大量的刀架、筷子、梳子、筐子、摆设等物件，江户时代以后，玩赏之物成为制品主流。近年，日本专职角细工的匠人逐渐减少，现在只有奈良仍然存在着这种职业，因为奈良有大量的鹿，可以很容易得到原材料——鹿角。昭和二十年以后，奈良角细工一方面与现代接轨，制作了胸针、项链坠子等新产品，另一方面仍保留了传统制品，诸如小摆设、筷子、梳子等产品，使得奈良的这项特产声名远播[①]。

5.3 组织寺庙佛阁的传统活动

笔者整理了目前春日大社、东大寺与兴福寺定期举行的传统活动如下：

5.3.1 春日大社传统活动

表 7-15 春日大社活动时间表[②]

活动名称	时间
春日祭（申祭）	3 月 13 日 9:00 始
御田植神事	3 月 15 日 11:00 始
水谷神社镇花祭	4 月 5 日 10:00 始
献茶祭	5 月 10 日 11:00 始（里千家派 10:00 始）
薪御能	5 月第 3 个周五
六兴福寺贯首社参式	1 月 2 日 10:00 始
神乐始式	1 月 3 日 11:00 始
御祈祷始式	1 月 7 日 10:00 始
舞乐始式	1 月第 2 个周一 13:00 始
节分万灯笼	2 月节分日 18:00—20:30
中元万灯笼	8 月 14、15 日 19:00—21:30
春日若宫御祭	12 月 15 日、16 日、17 日、18 日

5.3.2 东大寺传统活动

表 7-16 东大寺活动时间表[③]

活动名称	时间
节分活动	2 月节分日

① 公益社团法人　奈良市观光协会. 承继至今的传统工艺. [EB/OL]. https://narashikanko. or.jp/cn/feature/skill/, 2019-12-31.

② 公益社团法人　奈良市观光协会. 春日大社. [EB/OL]. https://narashikanko.or.jp/cn/ spot/world_heritage/kasugataisya/, 2019-12-31.

③ 数据来源：公益社团法人　奈良市观光协会. 东大寺. [EB/OL]. https://narashikanko. or.jp/cn/spot/world_heritage/todaiji/, 2019-12-31.

续表

活动名称	时间
修二会	3月1日–14日
达陀帽	3月15日
佛生会	4月8日8:00始
圣武天皇祭	5月2日13:00始
新年初次参拜	1月1日–15日
修正会	1月7日13:00始
解除会	7月28日8:00始
大佛擦身除尘仪式	8月7日7:00–10:30
功德日	8月9日
大佛殿万灯供养会	8月15日19:00–22:00
大佛秋祭	10月15日10:00始
佛名会	12月14日8:30始
除夕夜撞钟	12月31日
方广会	12月16日

5.3.3 兴福寺传统活动

表7-17 兴福寺活动时间表①

活动名称	时间
追傩会	2月3日18:30–20:00
涅槃会	2月15日10:00–16:00
佛生会	4月8日9:00–16:00
放生会	4月17日13:00始
文殊会	4月25日15:00始
薪御能	5月第3个周五、六17:30始
弁才天祭（三重塔公开）	7月7日10:00
大般若会（南圆堂公开）	10月17日13:00始
特别对外公开（2019年）	
北圆堂	4月28日–5月6日

---

① 数据来源：公益社团法人　奈良市观光协会. 兴福寺. [EB/OL]. https://narashikanko.
or.jp/cn/spot/world_heritage/kofukuji/, 2019-12-31.

续表

活动名称	时间
北圆堂	10月31日–11月3日
三重塔	7月7日
南圆堂	10月17日

六、社会责任

6.1 基础设施建设完善

奈良公园洗手间、吸烟区、休息区等基础设施建设完善，在园内散落分布有9处风格各异的休息所和29处设备齐全、功能多样的洗手间。同时在公园附近的餐厅、住宿、体验店繁多，可选择空间大，游客留宿十分方便。同时无论是从关西机场还是从日本其他城市出发前往奈良市的交通都十分便利，且奈良公园靠近近铁和JR，同时还有不同城市之间运行的高速巴士和奈良公园各景点之间的接驳大巴，景点通达性好。[①]

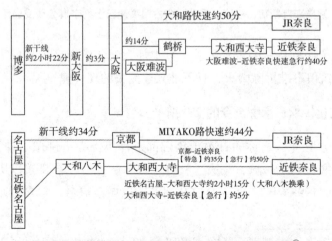

图7–3 乘坐JR、近铁到达奈良公园交通示意图[①]

---

① 数据来源：奈良公园．交通·路径．[EB/OL]．http://nara-park.com/access/，2019-12-31．

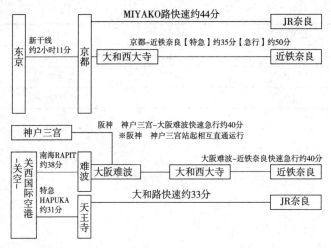

图 7-3　乘坐 JR、近铁到达奈良公园交通示意图（续）

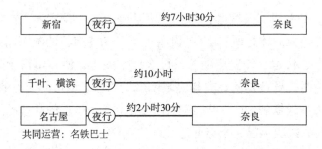

图 7-4　乘坐来自新宿、横滨、千叶、名古屋高速巴士到奈良公园交通示意图[①]

同时为了保持奈良的古都风貌，日本加大对传统街区保护的力度，规定一切古代建筑俱不准拆除毁灭，且不准兴建无关的现代建筑[②]。

6.2　文化传承：承继至今的文化遗产

有"东方罗马"之称的日本千年古都奈良集佛寺、佛像、神社、雕刻、绘画等重要文化财于一城，享有"社寺之都"的称号。奈良素以历史遗迹保存丰富著称，1998 年"古都奈良文化遗产"以城市冠名，包含了东大寺、兴

---

① 数据来源：奈良公园．交通·路径．[EB/OL]．http://nara-park.com/access/, 2019-12-31.

② 刘玉芝．从奈良、京都的历史遗迹看日本的文化遗产保护 [J]．中国文化遗产，2010 (06)：106-110.

福寺、元兴寺、药师寺及唐招提寺等 5 处佛寺，而法隆寺建筑群强调保存完整的飞鸟时代的佛寺建筑成就及其历史价值。可以说，佛教殿宇塑造着这座文化古城的性格，使其以神秘而平和的宗教氛围而独树一帜。

6.2.1　千年友好城市文化

奈良人心中的"千年游子"阿倍仲麻吕（中文名为晁衡）被诗仙李白、诗佛王维视为挚交。千百年前，中国的西安和日本的奈良就因为仲麻吕而被历史的缘分紧紧地缠绑在一起。

追寻阿倍仲麻吕的感人故事，1974 年 2 月 1 日，西安与奈良正式签署友好城市协议书，并于 4 年后在两市各建了一座阿倍仲麻吕纪念碑，两个城市之间的千年友好文化将一直传承下去。

6.2.2　神佛习合思想

奈良的寺庙威严壮观，却又透着亲切祥和，并不与人疏离，这也是整个奈良城的气质所在。奈良因为拥有东大寺等众多的古寺神社和历史文物，享有"社寺之都"的美誉，被日本国民视为"精神故乡"。

神佛习合思想是日本思想史上的重要一环，奈良公园中的神寺佛阁保留了日本自奈良平安时期以来的神佛习合思想，有助于全世界进一步了解日本神道和日本佛教文化①。

6.2.3　传统工艺文化

奈良公园的发展与奈良传统工艺的发展相辅相成，相得益彰。除了奈良鹿的角细工，承继至今的传统工艺文化还有奈良毛笔、奈良磨、奈良漆器、奈良团扇、赤肤烧、奈良晒、古乐面具和奈良人偶②。

日本对文化遗产的保护，展现了日本独特的文化风貌。无形文化遗产保护理念，对法国、东亚地区都产生积极影响；木构架建筑遗址的考古发掘和复原对我国古建筑的保护具有重要借鉴意义。日本对传统文化遗产保护是全面的、深入的，奈良人深刻认识到"文化财富"对国家和民族的重要意义，重视"人"在文化遗产传承过程中的重要性，这是日本对人类文化遗产保护

---

① 彭英. 日本奈良平安时期神佛习合思想的形成及其影响 [J]. 齐齐哈尔大学学报（哲学社会科学版），2014（03）：1-3.

② 公益社团法人　奈良市观光协会. 承继至今的传统工艺. [EB/OL]. https://narashikanko.or.jp/cn/feature/skill/, 2019-12-31.

工作的特殊贡献，对世界范围内的文化遗产保护产生了深远影响①。

6.3 历史与人文教育共同发展

日本对文物的保护、研究很是重视，利用文化古迹来对国民，特别是对中小学生进行爱国主义的教育和爱护文物的教育也是很有成效的。日本的大街上，逛荡闲游的人很少，但在名胜古迹的地方，游人却很多，特别是中小学生，常由教师带着去参观。有些寺庙为了使小学生从参观活动中受到教育，对这些古文物还采取一些特别的对比手法，来增强他们的实感。比如在东大寺大佛殿的柱子下面挖对穿洞来加深全世界最大铜佛的印象②。

而奈良公园所倡导的人文教育在鹿的保护中可见一斑。"鹿苑"是一般财团法人奈良鹿爱护协会运营的针对奈良的保护设施。在鹿苑，除了可以学习鹿的生态和历史等展示之外，还可以通过在不同季节来参观接触鹿苑保护的鹿，进一步思考和守护人与自然的和谐共生。

奈良人对于鹿的爱护从古至今一直没变。这些鹿作为"国家天然纪念物"，它们过马路的时候所有车都要礼让，开车撞伤鹿（包括鹿冲出来撞车），都会被罚款。奈良驾校的课程里，也有专门针对鹿的交通安全教育。

七、安全与可持续发展

7.1 与奈良鹿相关的可持续措施

鹿是奈良公园的象征。人与奈良鹿的和谐共处本质上就是人与自然的可持续发展，为此奈良公园做了不少努力。

首先，奈良公园内没有设置垃圾桶，一方面出于对保护环境的考虑，另一方面是为了鹿的安全，避免鹿去垃圾桶翻东西吃到一些生活垃圾会对鹿的

---

① 刘玉芝. 从奈良、京都的历史遗迹看日本的文化遗产保护 [J]. 中国文化遗产，2010 (06)：106-110.

② 王树艺. 奈良博物馆的文物保护和研究 [J]. 美术研究，1982 (03)：85-87.

肠胃产生伤害，所以在奈良公园内没有设置垃圾桶。奈良公园针对鹿可能冲出误伤人的情况还在鹿群集中的地点放置了大量"与鹿相处注意事项"标识和反射镜。

其次，为防止鹿把树皮啃光，奈良公园内大部分树的树干上都围着铁丝网。奈良公园内的树林，有所谓的"鹿摄食线"，鹿摄食线大约 2 米高，也就是鹿举起前脚、仰头吃树上树叶的高度。2 米高以下的树叶被吃光了，所以树枝树叶都整齐保持在 2 米以上的高度，远看犹如一条直线，因此被称为"鹿摄食线"。

再次，奈良公园里草地的草，在大自然的选择下长得比一般草地的草更细小，这是因为越短的草越不容易被鹿吃掉。因此带来的另外一个好处就是，奈良公园不需要修剪草坪。如果公园草地以 79 公顷面积计算的话，每年可以节省 100 亿日元整理草地的费用。

最后，奈良公园里的公共厕所，比一般厕所多了一道拉门，这是为了防止鹿闯进去。

7.2 现状与事故

栖息在奈良公园内的鹿被指定为国家天然纪念物"奈良鹿"，是城市附近人们自由亲近野生动物的绝无仅有的珍贵存在。近几年，以交通事故、食物问题为首，鹿的生活环境不断恶化，再次面临存亡的危机。

7.2.1 交通事故

奈良鹿近年交通事故的发生状况如表所示：

表 7-18 奈良公园鹿交通事故发生状况（截至 2019 年 2 月 28 日）[①]

	2018 年									2019 年		
	4月	5月	6月	7月	8月	9月	10月	11月	12月	1月	3月	总计
交通事故发生件数（件）	1	3	3	7	8	4	17	8	9	2	4	66
交通事故发生头数（头）	1	1	0	1	2	0	6	1	0	1	2	15

① 数据来源：一般财团法人　奈良鹿爱护协会. 现状と課題. [EB/OL]. https://naradeer. com/learning/problem.html, 2019-12-18.

奈良鹿爱护协会针对这一情况对各位司机提出请求：①开车在奈良公园行驶时，不论昼夜限速 40km/h 以下，请慎重安全驾驶。②发生交通事故或发现受伤的鹿时，请尽快报警。迅速通报联络，有助于救助鹿的生命。③万一，或即使成为了事故的当事人，如果不是故意的话也不会被问罪，请尽快提供信息。

同时奈良鹿爱护协会提供 24 小时体制的鹿的紧急联络救助。

7.2.2 鹿与人的纠纷

鹿的生活阶段变化以及人错误的喂食会导致新的鹿与人的纠纷。2019 年 3 月以来，共有 14 只奈良鹿死亡，其中 9 只鹿的胃里都发现了塑料袋等塑料垃圾，最大的塑料垃圾重有 4.3 公斤，有 3 只鹿直接致死的原因是这些塑料垃圾[①]。

奈良公园对游客提出了新的请求[②]：①请不要给鹿食物（点心、蔬菜、便当等）。如果吃含有糖和香辛料的剩饭、点心的话，会引起鹿的肠胃障碍和虫牙。②请不要在奈良公园周边错误地喂食，以免卷进鹿不幸的纠纷。③鹿仙贝虽然不是鹿的主食，但却是鹿放心的"点心"。④如果注意到的话，请尽量捡垃圾。

奈良公园在保护着这些鹿的同时也在保护着奈良公园整体的生态系统，促进安全和可持续发展。

八、总结

日本奈良文化公园属于属地化管理，具体由一级行政区奈良县县土管理部城市建设推进局奈良公园办事处管辖。首先，公园针对奈良的象征之一鹿开发了丰富的相关活动，以此吸引了大量来自世界各地的游客群体；其次，

---

① 金投网. 日本奈良鹿接连死亡 "元凶"竟是塑料袋等塑料垃圾. [EB/OL]. http://news.cngold.org/c/2019-07-11/c6458503.html, 2019-12-31.

② 一般财团法人 奈良鹿爱护协会. 现状と課題. [EB/OL]. https://naradeer.com/learning/problem.html, 2019-12-31.

公园利用世界遗产集中分布的区位优势，加上政府和相关社会组织对世界遗产和天然纪念物的不懈保护和宣传，极大地提升了公园的观赏价值；最后，公园通过口碑效应吸引新的游客，并凭借季节性的鹿相关活动和世界遗产神社佛阁的传统活动带动老客回流。日本奈良文化公园的成功运营经验适用于具有以下相似情况的公园：①位于历史底蕴深厚的城市，整体维持了相当部分的古都风貌，历史遗迹保存丰富。②保护传统街区的同时不失现代化，基础设施完善，尤其是交通便利、景点通达性高。③重视遗产爱护的基础教育，历史与人文教育共同发展，地区受教育情况总体良好。④具有从当地传说或神话故事中凝练出来的 IP 形象或实物，且具备开发潜力等。

第八篇

澳大利亚乌鲁汝－卡塔曲塔国家公园

一、乌鲁汝－卡塔曲塔概况

1.1　区位与地理位置

乌鲁汝－卡塔曲塔国家公园（Uluru-Kata Tjuta National Park）是位于澳大利亚北领地（澳大利亚的一个自治地区，位于大陆北部的中央）的南部，1981 年被列入世界自然遗产。其中最著名的地标是乌鲁汝和卡塔曲塔。

1.2　著名地标－乌鲁汝和卡塔曲塔

乌鲁汝不仅是乌鲁汝－卡塔曲塔国家公园最著名的地标，在澳大利亚全国范围内来看，也是最知名的自然地标之一，位于距其最近的大镇艾利斯斯普林斯南边 335 千米处。它是由纹理粗糙的长石砂岩所组成的一座孤山，之所以称之为孤山，是因其是由一座原始山脉逐渐侵蚀后剩下来的残存孤山；因其是世界最大的独块岩体，因此也常被叫做独块巨石。而为了说明其同质性以及其河床表面连接点和分界点缺失导致卵石斜坡和土壤无法形成的地质特点，地质学家把组成乌鲁汝的岩石层称之为木提曲鲁长石。尽管这座孤山的很大部分是在地下，但高于海平面的部分仍高达 863 米，其中沙岩地层 348 米，周长 9.4 千米。

作为北领地第一个双名制的特色景点，乌鲁汝也被当地原住民皮詹加加拉人称为皮詹加加拉，也被用作当地家族姓氏。1873 年地质勘探家发现这座孤山并称其为埃尔斯岩。2002 年，应艾利斯斯普林斯地区旅游协会请求，政府将这座孤山命名为"乌鲁汝埃尔斯岩"。

乌鲁汝作为乌鲁汝－卡塔曲塔国家公园世界自然遗产的最著名的一部分，有其独特之处，即岩体表面颜色会随时间变化而改变。例如，拂晓和黄昏时的一片艳红，久旱甘霖下难得一见的缕缕银灰，又或是随日出日落呈现的蓝、灰、粉、棕等各种颜色。

　　乌鲁汝不仅仅作为一种自然遗产为人们所向往，其作为一种文化遗产，澳大利亚原住民 Anangu[①] 的圣地，连同附近的卡塔曲塔（也被称作奥尔加山或奥尔加斯，位于乌鲁汝的西侧 25 千米处），一起发挥着重要的文化传播作用。土著居民 Anangu 引导游客徒步旅行，介绍当地的动植物、景观风貌以及当地神话。

二、发展历史

2.1　19 世纪早期欧洲人的探索

　　1862 年，探险家约翰·麦克道尔·斯图尔特[②]（John McDouall Stuart）首个完成从南到北穿越澳大利亚。1870 年开始建设的阿德莱德至达尔文陆上电报线和一系列基地，例如用于勘探和扩张牧场的城镇基地艾利斯斯普林斯（Alice Springs）[③]，这些基础通信和基地建设的逐步完善推动了欧洲人来到这片土地。

　　1872 年，欧内斯特·吉尔斯（Ernest Giles）和威廉·克里斯蒂·戈斯（William Christie Gosse）来到这片土地。同年，欧内斯特·吉尔斯在国王峡谷[④]附近发现卡塔曲塔，成为第一个看到卡塔曲塔的欧洲人，其赞助人植物学家费迪南德·冯穆勒[⑤]将此景观命名为奥尔加山。次年，威廉·克里斯蒂·戈

---

① Anangu 是来自澳大利亚西部沙漠地区的土著人 Pitjantjatjara 和 Yankunytjatjara 用来称呼自己的术语。

② 约翰·麦克道尔·斯图尔特（John McDouall Stuart 1815.9.7-1866.6.5）通常被简称为 "McDouall Stuart"，是苏格兰的探险家，也是澳大利亚内陆探险家中最有成就的探险家之一。

③ 艾利斯斯普林斯，是澳大利亚中部的一个城市，是北领地三大主要城镇之一（另外两个为首府达尔文港和凯瑟琳）、第二大城市。

④ 国王峡谷也叫金斯峡谷（Kings Canyon），是澳大利亚北领地的一个峡谷，位于乔治·吉尔山脉（George Gill Range）的西端，位于爱丽斯泉（Alice Springs）西南约 201 英里（323 公里），而位于沃塔尔卡国家公园内的达尔文以南约 818 英里（1316 公里）。

⑤ 费迪南德·冯穆勒（Ferdinand von Mueller，1793.1.8-1896.10.10）为德裔澳大利亚医生、地理学家及植物学家。

斯成为第一个到达并攀登乌鲁汝的欧洲人，并将其以南澳的秘书长亨利·埃尔斯命名，即埃尔斯岩。

随后的几年，有少数欧洲人，例如矿产勘探者、测量师和科学家冒险进入这片土地探索其进行农业生产的可能，但结论是这片土地并不适合农业生产。

2.2　20 世纪早期的冲突与矛盾

1918 年，南澳大利亚、西澳大利亚和北领地毗邻的大片地区被宣布为原住民保护区。1920 年，包括现已成为乌鲁汝－卡塔曲塔国家公园一部分的土地在内的地区被宣布为原住民保护区，通常被称为西南保护区或彼得曼保护区，本来是可以成为那些几乎没接触过外来欧洲人的原住民的一个象牙塔，但由于种种原因，原住民并未因此而安居乐业。

干旱和放牧导致的资源减少引起原住民与欧洲移居者之间的难以解决的冲突，警察的频频巡视也随之而来。之后一名原住民男子逃脱拘捕而被警方射杀的事件，也使得许多原住民惊慌失措，开始寻找更为安全的地方。

2.3　20 世纪 30 年代到 50 年代后期：旅游从兴起到成长

20 世纪 30 年代末，干旱导致资源匮乏，出于生存需要，一些原住民从保护区搬到城镇和牧场。政府官员为其提供政府安置点、工作机会和配给品，导致原住民被加速同化。

到了 40 年代，为了支持当时的土著福利政策和促进乌鲁汝旅游业，永久性和实质性的欧洲定居区开始建立，一些欧洲人在乌鲁汝地区定居，以帮助土著政策执行和促进旅游业发展。很快在 20 世纪 50 年代初，乌鲁汝就开始提供旅游巴士服务。1954 年，乌鲁汝就被北领地出版社称为旅游圣地。次年，开始为学校定期提供公园的参观服务。

1957 年，澳大利亚中部的传奇人物比尔·哈尼成为第一位被任命管理公园的护林员。次年，乌鲁汝和卡塔曲塔从彼得曼保护区分割出来，由北领地保护区委员会管理，称为埃尔斯岩－奥尔加山国家公园。1959 年开始，从公园里获得出租许可的第一家汽车旅馆，乌鲁汝北侧修建的第一条简易飞机跑道，第一条通往卡塔曲塔的车道，到国王峡谷旅游公司的陆续出现，说明旅游业不仅仅是当初的方兴未艾，而呈现增长的发展趋势。到 1962 年，有 5462

名游客参观了这个公园。

2.4　20世纪70年代早期到80年代早期：土地权艰难的回归之旅

早在1964年，牧业补贴被取消，以及北领地波山的一个牧牛场的原住民工人的出走，促使大量原住民放弃牧业租约，回到乌鲁汝。而旅游从业者则向土著福利部门施加压力，迫使他们从乌鲁汝迁移。同时，"二战"后的同化政策，Pitjantjatjara 和 Yankunytjatjara 人已经开始迅速并不可逆转地向澳大利亚主流社会过渡，放弃他们的游牧生活方式，迁往福利当局为同化原住民而开发的特定土著居住区。1971年，乌鲁汝的传统业主们表达了他们对当地面临的采矿、畜牧和旅游业日益增长的压力的担忧，以及对游客亵渎圣地的困扰，并请求联邦政府帮助保护遗址。传统业主们聚集在乌鲁汝举行第一次有记录的仪式，主张他们对土地的传统所有权。

1976年，历史上的《1976年土著土地权利（北领地）法》生效，承认了土著人的土地权利，并制定了土著人取得和管理土地与资源的程序。次年，乌鲁汝－卡塔曲塔国家公园宣布成立。1979年，中央土地委员会代表传统土地所有人根据《1976年土著土地权利（北领地）法》提出了对包括乌鲁汝和卡塔曲塔在内的一块土地的索赔。土著土地专员图希法官承认，国家公园有传统的所有者。

终于在1983年，新当选的霍克政府承诺把公园还给传统的所有者，并接受了包括禁止游客爬到乌鲁汝顶端的社区十点计划。1985年，《1975年国家公园和野生动物保护法》和《土地权利法》进行了修订，允许通过与国家公园理事长的租赁安排，将公园作为土著土地授予原住民 Anangu 和英联邦共同管理。双方同意租赁99年，Anangu 每年收取租金和公园收入份额作为回报。1985年10月26日正式移交赠与契据，代表着土著土地权利的象征性高点。

当年12月10日，根据《1975年国家公园和野生动物保护法》成立了拥有大多数 Anangu 董事会成员的乌鲁汝管理董事会。次年4月22日，乌鲁汝管理董事会首次召开会议，结束了土地权回归的艰难之旅。

2.5　20世纪80年代晚期至今：发展，共享，未来

20世纪80年代以来，乌鲁汝－卡塔曲塔国家公园因其自然价值被列入世

界遗产名录，因其独特的 Tjukurpa[①] 文化价值被列入世界文化遗产名录，被授予世界遗产最高荣誉——毕加索金奖，是国际公认的世界遗产区，世界上为数不多的被联合国教科文组织列为具有突出自然和文化价值的双重财产之一，其各方面价值得到了充分的发展。

1993 年，公园正式改名为乌鲁汝－卡塔曲塔国家公园。21 世纪以来，从悉尼奥运会在公园开幕，到园区第一个文化遗址管理单位成立，再到文化遗产行动计划的采用，最后到如今与最前沿的数据库相结合的公园文化遗产数据库启用，充分展现了乌鲁汝－卡塔曲塔国家公园从发展到共享与未来的跨越。

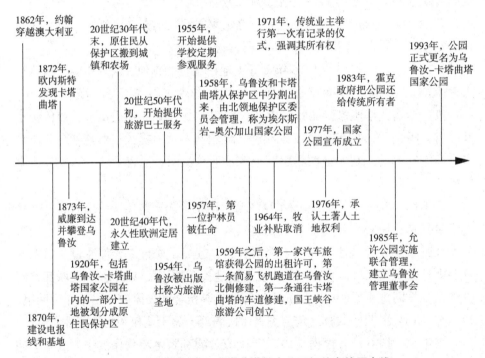

图 8-1　有关乌鲁汝－卡塔曲塔国家公园相关事件历史线

---

① Tjukurpa 是 Anangu 文化的基础，详情见本章 3.2.1.

三、公园的管理模式

3.1 管理模式

3.1.1 所有权与经营权分离的管理模式

乌鲁汝—卡塔曲塔国家公园实行所有权和经营权分离的管理模式。《1976年原住民土地权（北领地）法》的通过使原住民法和土地权被澳大利亚法律所承认。1985年10月26日，乌鲁汝—卡塔曲塔国家公园的产权契约也被交还给了传统的所有者 Anangu，即所有权属于乌鲁汝—卡塔曲塔土著土地信托公司。土地信托基金已按照《土地权利法》将土地出租给国家公园管理董事会理事长，以便作为保护区进行管理。此举为原住民参与联合管理奠定了坚实的基础。在此基础上，乌鲁汝—卡塔曲塔国家公园实行联合管理的管理体制。所谓联合管理，是指国家公园管理董事会理事长在澳大利亚环境和能源部下属的澳大利亚国家公园和野生动物管理局（the Australian Parks and Wildlife Service）的协助下，与 Anangu 共同管理公园；用来描述 Nguraritja[①] 和相关土著人民以及作为公园承租人的国家公园主任之间的工作伙伴关系。此联合管理以土著人对土地的所有权为基础，并得到《环境保护和生物多样性法》规定的法律框架的支持。

3.1.2 联合管理系统

Nguraritja 和 Piranpa[②] 的联合管理是通过一套系统的管理系统实现的，该系统主要包括：管理董事会、Parks Australia、传统土著公园所有者、Muttjulu 社区等的共同协作，以及中央土地委员会 CLC、Mutitjulu 社区联络官、管理董事会秘书、董事会协商委员会、联合管理伙伴关系小组等各方在其中的协调和交流。

在这个联合管理安排中，原住民通过加入乌鲁汝—卡塔曲塔国家公园管理董事会并占其大多数的方式参与公园管理的决策。管理董事会包含12位成

---

① Parks Australia 是配合国家公园理事长、联邦公园管理局管理六个联邦国家公园、澳大利亚国家植物园和 58 个澳大利亚海洋公园的部门。

② 土著人对于白人的一种称呼。

员：由 Anangu 提名的八名原住民成员；由联邦部长提名并经 Anangu 批准的，负责旅游业的一名成员；由联邦部长提名并经 Anangu 批准的，负责环境的一名成员；由北领地政府提名并经 Anangu 批准的一名成员；以及国家公园管理董事会理事长。

其中，国家公园管理董事会理事长负责公园的管理控制，以及生物多样性和遗产的保护等，并且和管理董事会共同负责制定公园管理计划、政策和决策。而 Parks Australia 则负责日常管理和执行董事会决策的任务。

在管理董事会中，大多数成员必须是由公园土地的传统土著所有者提名的土著人，并且新提名程序开始前，董事会成员通常任期五年。所有候选人均经部长协商后任命。董事会每年至少召开四次会议，所有事项均以英语、Pitjantjatjara 和 / 或 Yankunytjatjara[①]进行讨论。其职能主要是：作出与公园管理相关的决策，使之与公园管理计划相一致；参与公园管理计划的编制；监督公园的管理；就公园未来发展的各个方面向部长提出建议。

乌鲁汝—卡塔曲塔传统业主居住在澳大利亚中部的许多社区。Mutitjulu 社区是这些社区之一，位于乌鲁汝—卡塔曲塔国家公园内。Mutitjulu 社区土著公司（MCAC[②]）代表该社区。

乌鲁汝—卡塔曲塔国家公园的联合管理始于 1985 年底。根据《1976 年土著土地权利（北领地）法》，中央土地委员会（CLC）作为乌鲁汝—卡塔曲塔土著土地信托基金的代表，负责保障传统所有者的利益。中央土地委员会通过协助和代表 Nguraritja 在公园内和周围社区的利益，负责进行咨询，就其土地进行谈判和协商，确保租约的条款得到遵守，在公园的联合管理中发挥着重要作用。例如：Anangu 需要通过 CLC 联合管理官员和 Mutitjulu 社区联络官的雇佣，才能成为公园的顾问、护林员和承包商。

社区联络官是由董事会为其职位提供资金，辅助 Muttjulu 社区和 Parks Australia 之间的联络，并向董事会提交 Muttjulu 社区的意见。

联合管理伙伴关系小组的成立是为了帮助推进公园的联合管理，讨论相关的多个社区问题。在编制 2010–2020 管理计划时，该联合管理伙伴关系小组由中央土地委员会联合管理主任、社区联络主任、董事会秘书及公园经理

---

① Pitjantjatjara 和 Yankunytjatjara 是乌鲁鲁 - 卡塔曲塔国家公园的两种主要方言。

② Mutitjulu Community Aboriginal Corporation（MCAC）。

组成。

董事会协商委员会中有三个方面的咨询委员会协助董事会作出决定，分别为旅游业、电影和摄影、文化遗产和科学。这些委员会根据董事会确定的职权范围成立和运作，并提供其专业知识，以加强组织之间的理解和合作。其中，委员会一般由 Nguraritja 代表、Parks Australia 工作人员、中央土地委员会代表和相关领域的专家组成。

3.2 管理的思想基础——Tjukurpa 和 Piranpa 知识

3.2.1 Tjukurpa

Tjukurpa 是 Anangu 生活的基础，正如 Anangu 文字所记载"Tjukurpa katutja ngarantja"，意思是 Tjukurpa 重于一切 [1]。它包括 Anangu 的宗教、法律和道德体系；指引过去、现在和未来；它描述着祖先 Tjukaritja/Waparitja 创造世界时的各种事物的关系及其形成，正如现在人类、植物、动物和土地的自然特征之间的关系一样。Tjukurpa 虽然没有被写下来，但是它像遗产一样被铭记并传承。

Tjukurpa 也是公园联合管理的基础。Anangu 关于土地可持续利用的知识来源于详细的生态知识体系，其中包括生态区的分类。这些知识继续为公园的生态研究和管理作出重大贡献。此外，Anangu 景观管理遵循着的传统消防管理制度，通过清洁和保护浸水和岩石洞来储存临时水资源等景观管理方法已经成为公园管理的组成部分。

Tjukurpa 是一种将 Anangu 与其环境联系起来的主要宗教哲学。乌鲁汝－卡塔曲塔国家公园是一个文化景观，代表了数千年来 Anangu 和自然的结合作品。它的景观管理使用传统的 Anangu 方法，即 Tjukurpa。它体现了宗教、哲学和人类行为的原则，要遵守这些原则，以便彼此和谐相处，与自然景观和谐相处。Anangu 认为，要妥善照顾公园，Tjukurpa 必须先行。在实践中，Tjukurpa 则意味着保护 Mutitjulu 社区的隐私和安全，将道路和公园设施放在适当的地方，以便保护圣地，清洁和保护公园内外的岩石水坑，"照顾国家"即爱护土地的生态责任等等。当 Anangu 用 Tjukurpa 解释公园内的自然特征和

---

① Uluru-Kata Tjuta National Park，Tjukurpa．[EB/OL]．https://parksaustralia.gov.au/uluru/discover/culture/tjukurpa/，2019-12-11．

生物活动，谈论的是公园的精神层面，而不仅仅是参照地质解释其表面特征。因此根据 Tjukurpa，负责维护 Tjukurpa 和相关景观的人员之间关系的核心应该是正直、尊重、诚实、信任、分享、学习和平等合作。

3.2.2　Piranpa 知识

Piranpa 是原住民对白人的称呼，相应的，Piranpa 知识则指非原住民的法律等相关知识，如《EPBC 法》《租赁协议》等。《EPBC 法》要求董事会与Anangu 一起为公园制定管理计划，规定了审批管理计划的流程和相关要求。其中管理计划有效期为 10 年，但可被另一个储备管理计划提前撤销或修订。

3.2.3　两个法律体系的合作

Tjukurpa 是联合管理的基础，而两个法律体系（Tjukurpa 和 Piranpa）的有效合作则是保证联合管理顺利实施的关键。其共同决策的核心是共同致力于通过保持 Tjukurpa 的强大和履行 EPBC 法和其他 Piranpa 法律规定的义务来管理公园。合作的方式则是互相学习，尊重彼此的文化，分享不同的文化价值观并找到创新的方法，用不同的视角解读自然及人文景观。

四、文化的管理

乌鲁汝－卡塔曲塔公园是一个栩栩如生的文化景观，是澳大利亚中部干旱环境的典型代表，拥有多种物种，包括许多濒危物种或分布有限的物种。它独特的自然景观与文化密不可分，甚至从某种程度上说，Anangu 以及其祖先按 Tjukurpa 管理和使用土地，因此而造就了如今的乌鲁汝和卡塔曲塔等著名景观。因此保持健康的文化景观将有助于维护乌鲁汝－卡塔曲塔公园的世界文化遗产价值。

4.1　对文化遗产的无形方面的管理

4.1.1　无形文化遗产的管理指标

公园文化景观的价值通过对 Anangu 文化知识的持续使用和适当保护得以维持。它通过以下几点衡量无形文化保持的程度：正在记录的传统业主口述历史的进展程度；土著文化和知识产权（ICIP）^①受到保护的程度；参与文化遗产管理项目的年轻 Anangu 人数的增长水平；文化遗址管理系统储存文化遗址信息和口述历史的程度；支持公园内文化活动的程度；游客对公园的文化意义；对 Tjukurpa 概念和文化景观的认识程度。

4.1.2　土著文化和知识产权（ICIP）

土著文化和知识产权（ICIP）是一个用来描述土著文化材料的术语。对 Anangu 来说，重要的是保护他们的 ICIP，其中包括：形成 Anangu 文化的不动产文化财产，例如圣地；具有文化意义的文化物品，例如圣物；传统艺术，例如岩石艺术；当代艺术，例如绘画和其他 Anangu 完成的作品等。

虽然 Tjukurpa 中的规则传统上保护 ICIP 免受 Anangu 和其他土著人不当的接触和使用。然而，非 Anangu 为了一系列目的，例如一些公园管理者、旅游业和广告业从业者、电影制作人、摄影师和创作艺术家、学者和科学研究人员（包括从事生物勘探的人员），一直在使用 ICIP。

因此 Anangu 为了保护 ICIP，在两个方面采取适当的管控。第一，通过禁止不当使用文化材料和图像，保护神圣的秘密材料、重要仪式、重要故事和知识的文化完整性，按照传统信仰传递信息等方式，来控制 ICIP 的使用。第二，通过承认 Anangu 为 ICIP 的所有者，支持 Anangu 分享 ICIP 的货币与非货币的利益，检测 ICIP 的使用等方式，来对 ICIP 的使用方式进行适当控制。除此之外，还可以通过法律条例对 ICIP 进行保护，例如 EPBC 法和 EPBC 条例保护图像采集、生物勘探以及圣地和其他重要地点的准入管理等方面；1968 年版权法保护表演者的权利和精神权利。但是到目前 ICIP 还并非所有方面都有相应的法律保护，因此董事会正在为此采取行动，例如修订商业拍摄准则等。

4.2　对文化遗产的有形方面的管理

4.2.1　有形文化遗产的管理指标

公园文化景观的价值离不开对有形文化遗产的适当管理。它通过以下几点衡量有形文化保持的程度：开展和记录的文化检查次数；经评估保存的岩

---

① Indigenous Cultural and Intellectual Property.

石艺术地点的比例；涉及圣地的合规事件数量；提供和使用存放文化物品的场所管理；文化遗址管理系统和 Ara Irititja[①] 内存放有关文化材料的情况；受损的岩画遗址数量和修复的比例。

4.2.2 有形文化遗产管理使用的两个数据库

公园使用了两个数据库，以便于适当储存和获取文化材料。一是园内设有的文化遗址管理系统，用来储存数码影像和录音资料。二是区域使用的数据库 Ara Irititja，通过这个数据库，公园可以与南澳大利亚博物馆以及其他西部沙漠社区合作，灵活地提供文化物料存放场所。

因为越来越多的与公园文化历史和传统相关的资料储存在其他地区，这些文化材料对 Anangu 来说很重要。理事长有责任协助 Anangu 保护公园内的文化区以及具有文化意义的物质。此外一些政府机构和其他机构在这些问题上也负有一定的责任。为此政府成立了一个文化遗产及科学咨询委员会，就一系列事宜向董事会提供意见，包括审阅及修订《文化遗产行动计划》，并予以实施。委员会由 Anangu、科学家、中央土地委员会的代表、文化遗产专家和公园工作人员组成。

五、社区管理

5.1 Mutitjulu 社区及其建立

Mutitjulu 社区位于公园内，距离乌鲁汝东侧 1.5 千米。人口在 150 至 400 人之间波动，包括土著人和相当数量的非土著人。Anangu 认为一个运转良好的社区的存在对于公园的成功的联合管理是十分必要的。

Mutitjulu 的建立与该地区旅游业的发展、对 Anangu 的影响以及过去对土著澳大利亚人的政策有关。20 世纪 40 年代末，旅游业日益增长。1958 年，为了应对支持旅游企业的压力，现在的公园从彼得曼土著保护区剥离，由北领地保护区委员会管理，称为埃尔斯岩 – 奥尔加山国家公园。从 20 世纪 50

---

① 有形文化遗产管理使用的数据库，见 4.2.2.

年代末开始，随着该地区旅游业的不断发展，Anangu 被排挤在公园外。然而，Anangu 继续在他们的传统土地上追求礼仪生活、探亲（原住民之间相互交流的姻亲方式）、狩猎和收集食物。乌鲁汝的半永久性水资源使其成为 Anangu 行动线路的一个特别重要的停靠点。20 世纪 60 年代，取消该区域牧业补贴之后，大量 Anangu 被迫放弃牧业租约，因此居住在乌鲁汝的 Anangu 大量增加。1972 年，作为一家在公园内租赁向游客提供用品和服务的土著企业，Ininti 商店成立，成为公园内一个永久 Anangu 社区的核心。

5.2　社区相关管理法案的规定

EPBC 法要求管理计划与董事会的租赁义务相一致。关于 Mutitjulu，租约规定：公园的传统所有者和有权使用或占用公园的其他土著居民有权在公园内的 Mutitjulu 或管理计划中规定的其他地点居住，但须遵守董事会关于健康、安全或隐私的指示或决定；土地信托保留要求理事长将公园的任何合理部分转租给有关原住民协会的权利；理事长为相关土著协会提供资金，以便根据董事会批准的预算雇用一名社区联络官。

5.3　Mutitjulu 社区的管理以及发展的挑战

Nguraritja 在 Mutitjulu 社区内有助于维护公园的世界、国家和联邦遗产价值。虽然 Mutitjulu 位于公园内，但其他澳大利亚政府和北领地机构负责支持社区的日常运作，包括居民健康和福利、警务、日常社区服务、基础设施、就业、培训和教育。根据租约条件，理事长根据管理局批准的预算，为社区联络主任的职位提供经费。该联络主任职位的职责是就管理活动在 Mutitjulu 社区和 Parks Australia 之间进行联络，并向董事会提交 Mutitjulu 社区的意见。

而 Mutitjulu 发展中的一个持续挑战是，它所处环境的敏感性，以及人口增长所需的基本服务问题，特别是水和电。Mutitjulu 社区和公园认为有必要维护和改进杂草、家畜、污水、废物和水的管理措施。任何新的基础设施都需要考虑对该地区的总体影响，并按照适当的影响评估程序进行管理。为了帮助抵消供电成本，引入了用户付费供电系统。北领地其他土著社区的基本服务由北领地水电公司和其他有关机构提供和维护。董事会和社区都希望 Mutitjulu 的基本服务能够由一个更有能力提供这些服务的机构提供。董事会正在继续与北领地政府讨论移交基本服务责任的问题。

Mutitjulu 需要发展成为一个健康、可持续的社区，并在联合管理安排中发挥重要作用。但是目前，在 Mutitjulu 提供服务或发展社区基础设施方面没有明确的管理框架。基础设施的限制阻碍了一些造福社区的项目。社区管理，包括提供服务和发展社区基础设施，需要考虑到 Mutitjulu 在公园的位置。将提供基础服务的责任移交给一个更合适的机构，通过这种外包的方式，使理事长投入更多的精力和资源专注于公园管理，提升公园的核心竞争力。

六、旅游开发

6.1 公园旅游活动概况

6.1.1 概况

自从 20 世纪 50 年代开始，乌鲁汝盆地周围开始发展旅游业的基础设施建设，不过没过多久就产生了一些污染环境等影响。因此之后，政府要求去除旅游住宿设施如汽车旅馆，将其安排在公园外并且封闭公园内的露营场所。20 世纪 80 年代，尤拉蜡度假村开放，1992 年，更名为埃尔斯岩度假村。由于公园被列入了世界遗产保护区，2000 年之前，每年的游客访问量超过 40 万人。公园门票为每人 25 澳元，进园后用公园所开出的一张有效期为三天的通行证通行。该证不得转让，且由公园管理员检查。

公园致力于为游客提供令人难忘的多样化体验，帮助游客观赏公园的自然景观和人文景观；与 Anangu、政府和旅游业建立强有力的成功合作伙伴关系，实现可持续旅游；同时通过推动旅游业发展来促进 Anangu 的就业。

6.1.2 旅游活动

乌鲁汝 - 卡塔曲塔国家公园是 Parks Australia 和澳大利亚旅游局联合倡议的国家景观计划下红色中心国家景观的一部分。红色中心是澳大利亚内陆地区的物质和精神中心，被认为是世界上最壮观、最容易到达的沙漠景观之一，绵延着约 20 万平方千米的令人惊叹的古老山脉，包括古老的麦克唐纳山脉、瓦塔尔卡和芬克河，是世界上最古老的土著文化之一的家园。公园在这一独特环境中建立通道设施，帮助游客观赏沙漠景观，体验土著生活文化，给游客一个难忘和有益的体验。

公园里最受欢迎的活动是观赏乌鲁汝的日出和日落；而从尤拉蜡骑自行车穿过公园也成为越来越受欢迎的活动。为满足大批游客的需要，已设立了特定的观赏地点和穿越公园的通道，如观赏区域的步行小径。此外，自从联合管理以来，了解攀岩的负面影响已成为一个重要问题，但自从1964年乌鲁汝攀爬线路上安装了简易防护锁链，攀岩的安全方面一直存在隐患。过去，许多人在试图攀登非常陡峭的乌鲁汝小道时受伤，30多人死亡。简易防护锁链的安装，给人们攀爬乌鲁汝创造了更多机会，然而攀爬乌鲁汝有很大的风险，即使有锁链仍难以避免不必要的伤亡，因此了解这些风险成为引导游客安全出游的重要一环。

由于当地的Anangu伟大的精神信仰，他们是不攀爬乌鲁汝的。他们也要求游客不要攀爬，部分原因是攀爬的道路会经过一条传统的神灵"梦幻时光"轨道，也由于他们对游客安全的责任感。游客指南说："攀爬虽然不被禁止，但是我们希望作为Anangu土地上的客人，选择尊重我们的法律和文化，你不应该去攀爬。"

1983年12月11日，总理鲍勃·霍克承诺把这片土地交还给传统的所有者，并且接受社区的十点计划，其中包括禁止攀爬乌鲁汝。

2017年11月1日，当地管理委员会决定最快自2019年10月26日起，全面禁止攀登乌鲁汝。代表澳洲中部原住民的澳洲中部土地委员会称赞国家公园管理局正在"改正历史性的错误"。

管理者提供了这一系列活动，不仅为了改善游客体验，也是希望使游客满意的同时，能够监控重要的新访客活动，使其减少对自然或文化价值观的影响，达到保护公园景观和维护Anangu利益的目的。

6.1.3 合作发展可持续旅游

正如Anangu和管理董事会所认为的，乌鲁汝 – 卡塔曲塔国家公园作为分享知识和了解土著文化的宝地是十分重要且宝贵的，游客可以尽情分享和欣赏Anangu文化，但是同样重要的是，这些活动应符合土著文化习俗，尊重Tjukurpa。为了使游客的活动尽可能地遵循当地的土著文化，公园管理者与Nguraritja传统所有者合作，向游客解释公园的文化意义，Tjukurpa以及公园中适当和不适当的行为，使公园的信息与红色中心国家景观品牌保持一致；与尤拉蜡度假村联络，用度假村的口译设施和信息为公园介绍做补充，维护和发展公园网站，提供有关公园价值观、公园管理和游客活动的全面信息；与旅游业当局保持联系，向国内外推广相关旅游信息，向游客提前普及公园主题、安全要求以及介绍一些新体验和新活动等。

除此之外，游客管理和公园使用管理方面也应遵循当地的价值观。水资源和其他资源有限，访客基础设施建设和维护成本高昂等困难，也是公园管理者需要联合 Anangu 和政府力量去共同解决的问题，通过与各方建立良好的合作伙伴关系，在鼓励游客参与各种世界级体验的同时实现可持续旅游的终极目标。

6.1.4　旅游业发展促进 Anangu 就业

旅游业对 Anangu 的福祉作出了重大贡献。毕竟游客们越来越期望他们有机会在参观公园的过程中见到 Anangu。而挑战也随之而来，如何在为 Anangu 创造活动并提供相应支持的同时也能满足游客的期望？这种帮助游客与土著文化亲密接触和维护土著文化本色以及保护土著人生活不受干扰之间的矛盾为公园管理者提出了新的课题。

因此，传统土著老人开始教 Anangu 儿童和年轻人如何做游客的导游，如何理解并介绍 Anangu 的自然景观和人文景观。管理者通过各种形式为游客提供信息，包括通过出版物、标牌、网站以及 Anangu 和游骑兵的面对面口译活动等；引导游客参观文化中心，为 Anangu 企业提供零售点的同时，向游客介绍 Maruku 工艺品、Inanti 咖啡馆和纪念品、Walkatjara 艺术等，来提高人们对传统生活文化对于公园价值重要性的认识；组织学校参观，通过工作人员讲解和引导，支持那些关注公园自然和生活文化环境的学校团体。

管理者适当安排游客的活动，来给游客以浸入式的体验同时保证活动过程的可控性。在一定程度上，使 Ananagu 及其企业在旅游业中充分参与并大大受益。

6.2　旅游管理

6.2.1　公园的道路管理

游客进入公园和公园内的通道无论在环境上还是在文化上都需要是合适的。公众进入公园的道路仅限于从尤拉蜡出发的拉塞特公路和从西澳大利亚出发的多克河公路。公园内的所有道路和轨道均受 EPBC 法案和法规的约束。例如：《环境保护局规例》规定理事长能够控制公园内的轨道及道路的使用，并限制车辆在公园的指定区域内泊车或停车。EPBC 条例还规定了对超速或违反单向交通规则的车辆的处罚。

尽管有各项法规条例对各方面进行监管，但是在相关管理上仍有一些挑战亟需应对。公园内拉塞特公路路段由 Parks Australia 管理。而交通量的增加和重型车辆的装载压力显著增加了道路的维护要求。未封闭的多克河道路因车辆的使用而变成波状，因此 Parks Australia 定期对其进行分级，通过分级评估道路损坏情况，可以对其进行不同程度和不同方式的养护。但是繁重的交通负荷，如通过公园运输采矿材料和设备，使道路的使用更加不可持续，很可能增加游客安全风险，并影响公园的价值。

6.2.2　商业运营管理

商业活动为游客提供了一系列有益的体验，也为 Anangu 带来了好处，良好的商业运营也有助于 Parks Australia 管理公园内的游客。

运营商开展新类型商业活动时需要向理事会提交相关提案，而提案审核的标准则要考虑许多因素，如：活动与维护公园、国家和联邦遗产价值观以及管理原则的一致性；与乌鲁汝 – 卡塔曲塔国家公园作为土著土地的表述一致；对 Nguraritja 的好处；访客和其他安全问题；对其他公园使用者的影响；管理和监督活动的成本等。

此外，公园内的所有商业活动都需要理事长的许可。这种制度有助于确保遵守安全标准，保护公园的价值观。具体说，管理者与旅游业当局协商，审查商业运营商许可证，并在适当情况下进行相关更改。如：特定区域或活动的许可证数量或访客数量限制；许可证期限、许可证费用和许可证条件等。某些类别的商业活动可分配给 Anangu 拥有或部分拥有的企业，或给在公司与 Anangu 之间具有法律约束力的雇佣和 / 或利益分享伙伴关系下运营的企业。这也符合了提案审核标准中使传统所有者受益于商业运营活动的规定。

6.2.3　游客安全管理

在游客的安全管理方面，乌鲁汝 – 卡塔曲塔国家公园的各方均有不同程度的责任或贡献。Nguraritja 对游客的安全有强烈的责任感，经常协助搜救。理事长对公园内安全事故负有一系列责任，如：根据各种信息编制风险观察表，确定并评估一系列风险，包括游客安全风险等。

对于游客来说，确保其有充分的准备，并对参观公园有适当的期望，是有助于确保安全参观的重要因素。关键的安全问题包括与极端温度相关的风险、游客身体不适合剧烈活动或准备不当等。游客可以通过尤拉蜡度假村或者导游提前了解相关安全问题。对于公园来说，采取了一系列措施来降低这些风险，包括：临时或季节性地关闭被认为对游客构成特殊风险的场所，为访客提供有关安全风险的教育材料，为旅游经营者提供培训和认证，在公园的主要访客位置提供紧急联络无线电网络，保持道路、观景区和遮阳设施等处于安全状态等。

6.3 营销宣传

公园的营销宣传方面，除了通过导游、度假村以及商业运营商向游客传递公园信息之外，董事会和 Anangu 严格审查使用文化上不适当的图像和其他信息产生误导性期望的宣传。尤其是 Nguraritja 严格保持对其文化材料的控制，包括电影、照片和出版物；禁止游客在禁止拍照的区域拍照等。

董事会与其他利益相关者（如旅游业当局、其他北领地和澳大利亚政府机构）合作，对公园的宣传进行战略管理，根据管理变化，及时更改宣传材料中的信息。

鉴于公园在国家和国际上的高知名度，每年都有许多商业拍摄的请求，Anangu 欢迎电影制作人、摄影师和艺术家来到公园，但希望确保获得和使用适当的材料。为此管理委员会批准了商业图像采集和使用以及商业录音的准则，并要求媒体必须事先与公园的媒体办公室联系才可以在公园内拍摄。而对于游客来说，虽然欢迎游客拍照或创作绘画，但有些文化敏感地区（通过现场标牌可以清楚识别的地区）也禁止游客拍照。

七、气候变化战略

7.1 气候变化的影响

乌鲁汝－卡塔曲塔公园是澳大利亚中部干旱生态系统中十分具有代表性的剖面，有一套特别丰富和多样化的干旱环境物种，其中大多数在澳大利亚都是独一无二的。但是气候变化对其生物多样性等各个方面有着很大的影响。

海德（Hyder[1]，2008 年）指出，气候变化对该区域的主要威胁有：年平均气温上升，二氧化碳浓度增加，潜在蒸发量增加，炎热天数增加（>35℃），消防制度变化。

其中年平均气温升高影响生物多样性：因为预计的气候变化速度可能比气候变化的自然速率和频率要快，所以该地区的植物和动物可能没有足够的时间来适应。预计到 2070 年，年平均气温将再升高 5.1℃，将使得本地动植物受到更多害虫的侵扰；使地面和地表水发生改变[2]，从而影响以此为生的本地动植物；温度耐受性较差的动植物可能出现脱水等症状。

干旱和半干旱生态系统是二氧化碳升高和相关气候变化反应最灵敏的生态系统类型之一。大气二氧化碳浓度升高，本地植物通过提高光合作用率，同时减少气孔开放（Lioubimtseva，2004 年）[3] 提高了水效率。但是二氧化碳升高对于入侵草的影响比本地物种更有利，很可能占用本地物种的生长资源，堵塞排水线等。更严重的是对 CO_2 浓度升高反应更灵敏的一种入侵草——火杂草，可以通过"草火循环"改变消防制度，这种入侵草的蔓延会增加燃料负荷，可能会减少本地植被的覆盖，不仅会减少公园内物种的栖息地，还会导致火灾频率和强度增加。因此气候变化可能会改变社区和生态系统的物种构成。而新的杂草物种有可能通过一系列载体引入，包括车辆、风和动物（特别是骆驼）。此外，引进的食肉动物被认为是澳大利亚中部本地物种减少的一个主要因素。动物问题远远超出了公园的界限。

地下水是该地区唯一可靠的供水系统。公园内有两个主要含水层系统：沙丘平原含水层和南部含水层。潜在蒸发量预计会上升，但是年降雨量的变化不确定，因此对水资源的预测也有一定的不确定性。但如果年降雨量减少，

① Hyder Consulting Pty Ltd 2008. The Impacts and Management Implications of Climate Change for the Australian Government's Protected Areas．[J/OL]．https://www.cbd.int/doc/pa/tools/The%20Impacts%20and%20Management%20Implications%20of%20Climate%20Change%20for%20the%20Australia.pdf, 2020-04-08．

② Dunlop, M. & Brown. Implications of climate change for Australia's National Reserve System: A preliminary assessment．[J/OL]．https://www.environment.gov.au/system/files/resources/917bb661-b626-44bb-bd52-325645ae7c49/files/nrs-report.pdf, 2020-04-08．

③ Elena Lioubimtseva. Climate change in and environments: revisiting the past to understand the future．[J/OL]．https://journals.sagepub.com/doi/10.1191/0309133304pp422oa, 2020-04-08．

则会加剧物种对水资源的竞争；增加对该地区含水层需求，从而对一些依赖地下水的动物产生不利影响；增加火灾频率。

年平均气温的上升和炎热天数的发生率可能会影响游客的舒适度和满意度，并增加游客、Mutitjulu 社区成员和公园工作人员的中暑和中暑的发生率。更高的温度也会增加冷却系统对能源和水的需求，对基础设施和火灾管理系统的管控也提出了更高的要求。

7.2 气候变化的管理策略——适应性策略

乌鲁汝－卡塔曲塔公园气候变化战略（2012–2017）确定了公园管理者和主要利益相关者需要实施的初步适应、缓解和沟通战略，以管理气候变化并减少公园的碳足迹。尽管气候变化是一个长期问题，这一战略只是渐进的"第一步"，是一个适应性工具，但是这一战略符合《2010–2020 年乌鲁汝－卡塔曲塔国家公园管理计划》的政策和行动以及《2009–2014 年 Parks Australia 气候变化战略概览》确定的五个目标：了解气候变化的影响；实施适应措施，以最大限度地提高公园的恢复力；减少我们的碳足迹；与社区、行业和利益攸关方合作，减缓和适应气候变化；传达气候变化的影响和管理层对气候变化的反应。

针对以上五个目标，管理层制定了详细的具体行动策略，依次可概括为：通过合作项目和基线数据了解气候变化导致的各方面的具体影响；通过制定并实施相应的草皮、杂草、火灾等管理计划，最大限度地提高公园的复原力；通过碳排放审计和替代系统的使用，减少碳足迹；通过与各利益攸关方合作，推动各方面项目和计划，减缓气候变化；通过互联网介绍公园对于气候变化影响的对策和行动。

八、企业管理

8.1 基础建设与基础设施管理

公园内的基础建设和基础设施包括公园管理资产和设施，如通道和步行道（见 6.3.1 公园的道路管理）、员工住房、无线电中继器、发电机、车间、钻孔等以及游客设施。

Parks Australia 负责 Mutitjulu 的一些社区用途基础设施的建造和维修工作。工作人员住房主要在公园内的兰格维尔、Mutitjulu 社区附近以及尤拉蜡。为了缓解现有员工住房和能源供应的压力，在公园外的尤拉蜡额外建了一些住房。

公园的超高频无线网络用于日常巡逻、应急等工作。由于公园内的岩石阻挡了无线电信号，因此五个中继站被布署在公园内和公园附近的适合位置。为了及时通知公园工作人员紧急情况，乌鲁汝—卡塔曲塔周围的几个地点都有无线电警报供公园游客使用。此外，公园还拥有便携式超高频无线电能力，可直接与参与协调应急行动的飞机通信。

Parks Australia 目前为 Rangerville 和 Mutitjulu 社区以及公园的商业基础设施提供供水、供电和污水处理服务。公园的发电机为所有设施和 Mutitjulu 供电，在公园总部、入口站和 Rangerville 配备柴油发电机。Mutitjulu 附近有一个用于处理来自 Rangerville 和 Mutitjulu 的污水的一个处理池系统，以及一个独立的系统服务公园总部、文化中心和 Uluru 基地的公厕。所有这些目前都由 Parks Australia 管理。然而，目前的污水池已接近最大处理能力，因此考虑新技术以尽量减少影响正变得越来越重要。Parks Australia 车间位于 Mutitjulu 的一个围栏大院内。该车间存放 Parks Australia 用于公园日常运营和维护的材料和设备。一些基本建设工程基础设施由外部机构管理。例如，向尤拉蜡镇供水的钻孔类工作外包和 Telstra 光纤通信电缆。

对于这些各类基础设施，公园管理人员采取一些管理措施，如：通过基建工程和基础设施的管理和维护系统去延长资产的成本效益寿命，改善和维持资产性能，确保基础设施资产状态安全。理事长设法解决职工住房的数量和质量上的不足，如：选择将园区的一些基本服务外包，以使园区资源可直接用于园区管理。

8.2 事件管理

北领地警察、消防和紧急事务处负责保护生命和财产，并向北领地各地广泛分布的社区提供灾害和紧急管理。北领地消防和救援处是其中的一个部门，根据《NT 火灾和紧急情况法》（NT，Northern Territory）的规定，负责在应急区域应对火灾和紧急情况。该部门在尤拉蜡有一个基地，主要提供侧重点不同、主次分明的、结构性救援工作部署和防火响应能力。北领地紧急事务处是北领地警察、消防和紧急事务处的另外一个部门，该部门由志愿人员和工作人员组成，他们在领地各区域内提供应急处置。不过，目前该部门在尤拉蜡没有基地，该组织最近的设施在艾利斯斯普林斯。因此很大程度上由 Parks Australia 负责应急响应，其中大部分涉及搜救行动，包括攀岩救援。Parks Australia 拥有强大的灭火能力，不仅保护公园内区域，在需要时还可援救埃尔斯岩度假村。

对于其他类型的事故，如交通事故，警察和医疗服务部门负有领导责任。然而，公园工作人员通常是第一个到达现场的，因此可能需要承担紧急事件响应角色。对于可能发生的大规模事件，例如可能由野生动物传播的疾病，在这些情况下，公园工作人员与北领地和澳大利亚有关政府机构合作。

8.3 研究与监测管理

有效的研究和监测提供了必要的信息，以协助主任和董事会以及澳大利亚政府就公园的管理作出合理的决定。此项工作可由公园管理人员或理事长聘用的顾问完成，也可以与其他政府机构、组织和个人合作进行。公园的研究和调查结果提供了有关自然和文化资源以及游客使用公园的宝贵信息。

定期监测揭示了与基线信息相关的情况是否发生了变化以及如何发生变化，有助于评估管理方案的有效性并作出更好的管理决策。公园内的动植物监测为区域保护计划、当地土著企业和旅游业提供了有用的信息。许多动物及其栖息地的数量和分布的间歇性波动意味着长期监测计划对于确定趋势至关重要。定期实施游客监控计划，了解谁参观了公园、游客如何使用公园以及游客满意度水平。

获取生物资源（也称为生物勘探）是指获取本地物种的生物资源，用于研究和开发任何遗传资源或化合物。EPBC 条例规定，任何想要获得生物资源的人必须获得部长和"提供者"的许可等。

8.4 资源与废物处理管理

理事长主张有关公园内资源使用及废物管理的环境最佳实务原则。这些原则符合许多管理要求，如：保护公园的自然和文化资源；维护公园作为世界遗产区的地位；履行减少温室气体排放的承诺等。

在偏远干旱地区提供和使用水和电等资源方面存在着特殊的挑战。由于该地区降雨量较低，可靠饮用水的主要来源是地下水。气候变化有可能减少降雨量或增加蒸发量，从而减少进入含水层的补给量，因此，如果气候变化使降雨量减少，那么水资源的供应可能会更困难。

此外，在供电与垃圾回收方面，也存在着不小的挑战。为公园建筑、工作人员和社区房屋及其他建筑供电严重依赖柴油发电机，增加了污染公园景观的可能性。公园地理位置偏远也限制了废物的回收和处置。因为在合理的距离内，公园内产生的废物无法被运送到任何回收设施。因此公园产生的大部分垃圾，包括 Mutitjulu 社区，目前都在公园的垃圾填埋场处理。因此目前，管理人员正在考虑替代能源和废物处理的解决方法。

九、小结

乌鲁汝－卡塔曲塔国家公园的联合管理模式，和将 Tjukurpa 奉为圭臬的特色做法，是随澳大利亚的历史发展以及当地土著人民权益意识觉醒而慢慢形成的，有其历史特殊性和文化独特性，因此在我国的国家文化公园建设中不能将其模式全盘引入，以免生搬硬套导致"水土不服"。但是，乌鲁汝－卡塔曲塔国家公园建设中的许多做法，其贯彻的原则和实施的方法却值得我国学习借鉴。

乌鲁汝－卡塔曲塔国家公园对自然景观的保护，例如，禁止游客攀爬乌鲁汝的规定；对文化传统的传承，例如，老一代土著人传授年轻土著人讲述 Tjukurpa 和当地神话故事等的技巧，这些都在无形中遵循着保护优先，强化传承的原则；当地的旅游通过最了解公园的 Anangu 引导游客，突出当地的景色，并基于这种独特的当地景观设计旅游项目，充分展现其特色，例如，因为每天不同时段呈现不同色彩的乌鲁汝而设计的观赏日出和日落的乌鲁汝活动；因澳大利亚中部沙漠地区是最易到达的沙漠区而设计的骑行穿越公园活动等等，这些则与文化引领、彰显特色的原则相呼应；公园的管理董事会结合 Parks Australia 和传统业主的相关建议制定管理计划，总结之前公园管理工作的不足，提出了改善的措施并从总体上为公园未来十年的发展指明了方向，这则是发挥了总体设计、统筹规划的顶层设计作用；此外，公园的系统，如污水处理系统已达处理能力边缘，垃圾处理还停留在填埋的最初级且粗犷的阶段等等，这些都需要公园管理人员在稳中求进，进行改革创新。在管理上，顺应历史的发展进行联合管理，使所有权和运营管理的权利分离，从而在保证土著人民对土地所有权，维护土著人民权利的基础上，集思广益结合各方力量进行管理，而不是一味地听从政府指挥，因地制宜，探索出最适合当地的管理和运营方式，这则与因地制宜、分类指导的原则相一致。

在公园分区管理的问题上，历史上，乌鲁汝－卡塔曲塔国家公园旅游业快速发展时，旅游设施快速入驻公园，造成一系列的环境污染，对公园内的景观造成了威胁，因此之后园内的旅馆等旅游配套设施又重新撤出。因此如今，与两性相关的圣地被划为禁止进入的保护区，其他旅游区也通过进园通行证进行一定的管理。以此为鉴，我国对国家文化公园主题功能区建设的安排——将公园分为管控保护区、主题展示区、文旅融合区、传统利用区，就尤为必要。从建设初期就考虑到这些情况，有助于防止对公园文化景观的破坏，但是与此同时，也需要注意分区过细可能导致的管理成本问题等困难。

如今我国文化公园建设面临的任务不仅仅在于公园景观维护与重塑的实地建设和旅游业配套设施的发展和完善，还要关注文物和景观保护的数字化数据库的建设。在这一点上，乌鲁汝－卡塔曲塔国家公园则已经有配套的数据库进行管理，如文化遗址管理系统以及 Ara Irititja 数据库，对其文化物料的保护与管理起到了极为重要的作用。考虑到我国许多国家文化公园有数量极为庞大、并且保护难度较高的文物这一情况，相关数据库的建设则亟需提上日程。

由此可见，乌鲁汝－卡塔曲塔国家公园的管理运营从不同侧面贴合了我国国家文化公园建设的指导原则、功能区划分以及建设任务。尽管我国各地公园的风土人情与乌鲁汝－卡塔曲塔国家公园截然不同，但是都可以遵循相同的指导原则进行类比建设，比如，公园管理的过程中如何与当地居民进行合作互助，促进当地居民就业，以及在当地旅游发展的同时，让当地居民对文化深入了解，推动公园文化旅游的建设，传播少数民族的独特文化等等。因此，美丽的乌鲁汝－卡塔曲塔国家公园带给我们的不仅仅是美丽的自然景观和独特的土著文化，还有一系列建设国家公园的前车之鉴和经验之谈。

一、公园概况

1.1　基本情况

克鲁格国家公园是南非最大的野生动物园。公园位于南非德兰士瓦省东北部，勒邦博山脉以西地区，毗邻津巴布韦、莫桑比克两国边境。公园长约320千米，宽64千米，占地约2万平方千米。目前南非境内共有18座国家公园，克鲁格公园是其中最具有标志性的公园。克鲁格公园是世界上自然环境保持最好的、动物品种最多的野生动物保护区之一，在动物保育、生态旅游以及环境保护的相关技术与研究方面，也居世界领导地位。

克鲁格国家公园是南非最大的野生动物保护区，以其动植物的多样性和完善的旅游设施著称。公园属于亚热带气候，温暖湿润，土地肥沃。六条河流穿过公园，园内大部分为多岩石的开阔草原，也有森林和灌木丛，北部还有众多温泉。

克鲁格国家公园由六大各异生态系统构成，包括刺槐、马鲁拉等灌木构成的灌木地带，生长有猴面包树的沙漠地带、河岸的森林地带、阔叶树崎岖地带和阔叶林地。这六大生态系统包含的植物种类达到两千余种，包括非洲独特的、高大的猴面包树等。

在克鲁格国家公园内有品种繁多的野生动物，其种类和数量在世界上首屈一指。公园不仅有著名的"五大野生动物"——犀牛、大象、狮子、野水牛和花豹，还有黑角马、长颈鹿、小苇羚羊、羚羊、长颈鹿、斑马、鳄鱼、河马、豹、牛羚、黑斑羚、鸟类等珍稀动物。公园中有145种哺乳动物，其中犀牛数量为世界最多。据最新资料统计，克鲁格国家公园内有147种哺乳类动物、114种爬行类动物、507种鸟、49种鱼和336种植物。其中羚羊数量超过14万只，在非洲名列第一。其他还有野牛2万头、斑马2万匹、非洲象7000头、非洲狮1200只、犀牛2500头。园内还有数量众多的长颈鹿、鳄鱼、河马、鸵鸟。在克鲁格国家公园西侧的平原地区，还分布着大大小小的私营动物保护区。[①]

1.2 重要属性

公园的重要属性是其重要特征，与利益相关者一起，克鲁格公园确定了公园至关重要的 12 个属性。这些是：（1）南非的标志性野生动物景点和标志性的当地体验；（2）当地和国际范围内多样化和独特的游客体验，有利于保护地的利用；（3）成为地区旅游业和经济发展的催化剂；（4）国际认可的品牌和独特的全球旅游目的地；（5）在安全的大保护区体验野生动物；（6）具有多种土地用途的多样化区域景观；（7）公园内多条多样的河流，促进生物多样性和区域社会生态连通性；（8）基本完整的生物群和生态过程；（9）丰富而独特的自然、历史和文化遗产；（10）完善的基础设施；（11）国际公认的长期机构管理的丰富经验、声誉、提供支持管理决策的洞察力；（12）多样的利益相关者关系和合作治理。

1.3 遗产特征

克鲁格国家公园最出名的是它的大型野生动物保护地，同时，克鲁格有着独特的文化和历史景观，有超过 255 处有记载的考古遗址，从早期石器时代（大约 100 万年前）到铁器时代的定居点以及近代的历史建筑和遗址。

克鲁格公园拥有丰富的文化遗产，包括古生物学（恐龙遗址化石）和许多考古遗址，涵盖早期、中期和晚期石器时代，以及铁器时代。值得注意的地点还有马卡汉、马索里尼、法贝尼和图拉梅拉等，这些都是公园内广泛分布着圣岩艺术遗址的区域，其中包括制作石器、早期炼铁技术和远古文明的证据，这些证据都证明了公园里有早期人类居住。

据估计，公园里的人口历史上可能已经达到 16 000 人的高峰，这个数字大到足以对生态系统产生相当大的影响。这个公园也是许多历史遗迹的所在地，涵盖公园建立前后的各个时期。公园所在地区是古代贸易的路线，如马彭古布王国到印度洋的贸易路线。许多 18 世纪和 19 世纪的商人，如德·库

---

① Park Management Plan-2018. 南非国家公园管理局官网. [DB/OL]. http://www.sanparks. org，2019-12-14.

伊珀、德·巴什、阿尔巴西尼（阿尔巴西尼遗址证明）、达斯内维斯、莫奇、厄斯金等人（Joubert，2007 年）在公园内外交易。沃尔特雷克夫妇与范伦斯堡、特里谢、波特吉特和布朗霍斯特等也发现了公园中的几个景点（Joubert，2007 年；Bulpin，1989）。与公园建设相关的历史遗址还包括许多乱葬坑。公园里还有南非领袖的坟墓遗址和南非早期普通居民的坟墓，有些坟墓有着清晰的标记。作为解放斗争期间的一个重要地点，公园中也有相关解放斗争的遗址。

二、发展历史

2.1 历史概览

克鲁格国家公园建立的历史可以简要总结如下（Pienaar，第五版，1990年；Joubert，2007）：

在 12 世纪之前，克鲁格公园所在地区是石器时代的狩猎采集社区，包括桑人（the San），留下了岩画和其他重要艺术品的丰富遗产。铁器时代的农民，紧随其后的金属王人和商人还有猎人，他们已经能够利用火来达到各种目的。从 12 世纪到 1650 年左右，这个时代的特点是活跃的贸易，贸易路线从马本古韦，沿着林波波河到莫桑比克，到位于公园的北部图拉梅拉。接下来是由卡鲁泽斯（1995 年）记录的公园的早期建立和干预管理时代，随后是殖民时代和野生动物保护时代（1836–1925 年）。克鲁格公园也有着丰富的跨越了一个多世纪的旅游历史。

近代的具体时间线如下：

1898 年：萨比河和鳄鱼河之间政府动物保护区宣布成立，但是在随后的益格鲁 – 布尔战争（南非）中，该成立公告被废止；

1902 年——战后：该地区被重新命名为萨比野生动物保护区；

1903 年：在莱塔巴河和林波波河之间宣布为辛格威兹野生动物保护区；

1916 年：公园的萨比区域和西蒙斯敦区域合并；

1926 年 9 月 2 日：南非《国家公园法案》颁布，克鲁格国家公园正式成立。①

2.2　起始

克鲁格国家公园（Kruger National Park）前身是于 1898 年成立的沙比野生动物保护区，由当时布耳共和国最后一任总督保尔·克鲁格（Paul Kruger）所创立。保尔·克鲁格为了阻止当时日趋严重的偷猎现象，保护萨贝尔（Sable）河沿岸的野生动物，宣布将该地区划为动物保护区。随着保护区范围不断扩大，完美地保持了这一地区的自然环境和生态平衡。1926 年，南非国会通过《国家公园法案》后，克鲁格国家公园作为南非第一个国家公园正式成立。

2.3　使命

克鲁格国家公园最初创建的目的是保护野生动物。公园的建立促进了南部非洲地区野生动物自然迁徙习惯的恢复，也为野生动物的重新定居和寻找栖息地提供了更好的条件。目前来看，克鲁格国家公园的使命不仅仅是保护野生动物，而是为非洲人民和动植物提供一个和谐相处、共同繁荣的生息环境，也就是如南非总统姆贝基指出的：“我们要在为野生动物建立一个开放的栖息的场所的同时，也为非洲人民提供一个持久和平、繁荣发展的新世界。”并且克鲁格国家公园的建立对南非国家经济和生态旅游业的发展提供了新的机遇，带来了积极影响。

三、公园保护管理模式

3.1　所有权和管理体制

克鲁格公园采用的管理模式是自上而下垂直管理模式，由南非政府进行直接管理。南非的国家公园是一种国有的自然保护地，一般在国有土地上

---

① Conservation Management Profile - 2012，南非国家公园管理局官网．[DB/OL]．http://www.sanparks.org，2019-12-14.

建立，或接受私有土地捐赠、赎买私有土地后设立国家公园，均由国家成立专门管理部门进行垂直管理。克鲁格国家公园是由南非国家公园管理局（SANparks）进行直接管理。在南非，国家保护区和国家公园在资源特征和保护目标等方面并没有本质差异，区别在于国家保护区为私人土地，一般由地方政府管理。[①]

克鲁格国家公园属于国家土地，一切均由南非政府授权的国家公园管理局进行管理和规则的制定。这种自上而下的垂直管理模式，使得克鲁格公园的管理和运行更加具有效率。因为南非整个国家的国土都处在自然保护区中，人民和自然动植物的关系非常紧密，政府在制定政策时，考虑人的同时，也会考虑自然界的动植物。因此，克鲁格国家公园作为南非最大的野生动物保护区，由国家公园管理局管理和制定政策，既有利于制定和执行同时有益于人类和动植物的保护区管理措施，又能够更高效率地建立人与自然和谐相处的自然保护地。

3.2 契约管理协议

契约管理协议是国家公园与社区和私人土地所有者共同协商解决公园土地使用问题的可用的选择之一。通过签订契约管理协议，土地所有者成为公园的利益相关者，对改善与公园相关的生态系统服务，对其他核心功能，如旅游、社会经济利益和管理考虑——如安全和安保、外来入侵者物种管理等其他风险因素——都具有贡献。从以下的克鲁格公园的马库勒克契约土地的具体管理协议可以看出，私人或社区土地所有者和国家政府签订合同协议，土地所有者也为公园的各方面建设作出贡献，提供帮助。

克鲁格公园的马库勒克契约土地，也被称为帕夫里三角，从林波波河延伸到卢武夫河。1998年，马库勒克社区是公园南部最早的社区之一，在1994年国家民主化后获得土地所有权。南非政府以《定居协议》赋予马库勒克社区开发该地区的权利，使社区获得社会经济效益，但前提是要用于保护野生动植物。国家公园管理局订立一项负责该地区的养护管理的为期50年的协议，按照该协议将马库勒克土地并入公园，20年后进行审查。公园与马库勒

---

① 张贺全，吴裕鹏. 肯尼亚、南非国家公园和保护区调研情况及启示 [J]. 中国工程咨询，2019（04）：87-91.

克社区共同签订的和解共同管理协议由联合管理委员会（JMB）管理，代表社区财产协会和国家公园管理局，并通过联合管理委员会开始运作。根据签署的管理协议以及该区域的管理计划，同意马库勒克地区将通过与公园的共同管理安排进行管理。马库勒克社区成立了一个社区财产协会，以获取、持有和管理这片土地。根据马库勒克土地归还解决安排，索赔人的所有权财产被归还给索赔人，国家公园管理局与社区签订了一份合同，将社区置于协议框架下管理。马库勒克社区同意根据《国家公园法》第 2B（1）（b）节，公园是一个契约公园，条件是在这样做时，社区能够保持积极参与土地管理，确定其在土地上可能发生的商业活动，并进行适当的商业活动。共同管理协议规定可持续利用特定的自然资源，由法律框架管理总体协议。马库勒克共同管理协议和体制安排目前正在审查中，以寻求与大林波波跨界保护区的进一步的协调合作。这将寻求利用跨界旅游和社会经济的机会，同时促进更广泛的基于景观的无缝保护管理和公园运营。

3.3 创新性保护措施

克鲁格国家公园的野生动物保护管理处于全球领先水平。通过几十年来持续的保护和制度的创新升级，克鲁格国家公园从建立初期的野生动物盗猎的重灾区，转变成为全球野生动物保护的典型范例。20 世纪，由于战争、贸易和偷猎等原因，南非的野生动物持续遭受威胁，通过多年保护，特别是基于国家公园和国家保护区的保护，公园内的野生动物种群迅速恢复，成效显著。

克鲁格国家公园的创新性保护措施主要包括以下两点。

3.3.1 国家公园群的建立

2003 年，为提高野生动物的保护成效，克鲁格国家公园与津巴布韦的刚纳瑞州国家公园和莫桑比克的林波波国家公园组成了国家公园群，共同建立了大林波波河跨境公园。三个国家的三个公园相连，且不设物理边界，野生动物可以自由越过国境线进行迁徙等自然活动。大林波波河越境公园的建立最初是由于非洲大象的自然迁徙需要。南非和莫桑比克两国拆除了两国之间分隔非洲大象的安全篱笆，野生大象的自然迁徙路径穿越了南非和莫桑比克这两个国家公园。之后，津巴布韦的刚纳瑞州国家公园也加入进来，为了保留野生动物的自然行走路径，保护野生动物的自然习性，三个国家共同建立起跨境公园，三个国家公园一起形成一个国家公园群。该野生动物园地跨非洲南部南非、津巴布韦、莫桑比克三个国家，面积达 3.5 万平方千米，成为非洲最大的野生动物保护地。大林波波河跨境公园的建立，将给"南部非洲野生动物自然迁徙习惯的恢复及各种可供狩猎用野生动物的重新定居和寻找最佳栖息地提供方便条件。此外，跨境动物园的修建对三个非洲国家经济与生态旅游业的发展也提供了新的机遇"。[①]

3.3.2 战略合作伙伴关系

克鲁格公园积极努力促进多机构和部门的合作，在以下领域与一系列伙伴开展合作和协作，寻求共同利益，包括保护和环境管理、社会经济、选矿、安全和安保、跨界准入、寻求集体投资机遇。这一持续过程还将解决与各种合作伙伴相关的风险，成为保护倡议的一部分。公园同时寻求存在于集体内部的协同机会，包括联合购买权，游说合理的立法，作为集体、联合目的地营销等。机构合作将通过更广泛的更大的综合发展方法和相关体制安排，重点是保护公园网络附近的土地利用，协调发展问题（促进一系列管理和兼容的农业实施方法）、增值链、青年方案、教育和认识、社区和野生动物内部的安全和安保等政策过程，利用负责任和可持续的资金和商业机会等等。这些综合发展方法和相关体制安排的具体实施将在地理集群中进行，使不同部门正式地在这些集群内拥有共同愿景、兴趣和任务的伙伴关系，同时还促进资源用于集体成果当中。这种合作将是（但是不限于）生物圈、私人、州和社区保护区、非政府组织、生物区域方案（例如全球环境基金保护区方案、全球环境基金、世界自然基金会）、农村发展计划内的部门和公司等。这种合作将以宪法、法律框架、国家发展为指导计划（NDP），具体的计划包括省级增长发展战略（PGDS）、大林波波跨界公园条约（GLTP 条约）、生物区域计划、农村发展计划和城市综合计划与发展计划等[②]。

---

① Conservation Management Profile - 2012，南非国家公园管理局官网．[DB/OL]．http://www.sanparks.org，2019-12-14.

② Park Management Plan-2018，南非国家公园管理局官网．[DB/OL]．http://www.sanparks.org，2019-12-14.

3.4 国家政策法规条例

3.4.1 政策法规概况

包括克鲁格国家公园在内的南非国家公园都采取严格的立法措施保护野生动物，主要的法规包括南非的《保护区法》和《国家环境管理法》等，南非对国家公园和国家保护区的野生动物保护，特别是为防止偷猎工作提供法律依据。克鲁格国家公园作为南非最大的野生动物公园，更是采取严格规范管理措施，严控国家公园和国家保护区内的人工设施布设、合理限制人为活动，最大限度降低对野生动物栖息地造成影响。围绕着资源的合理开发，生态环境的保护，旅游活动的有序展开，偷采盗猎的遏制等目标，克鲁格公园的管理单位南非国家公园管理局（SANparks）出台了多种管理法规和条例。克鲁格国家公园实行最严格的野生动物管理制度，园区内禁止狩猎和偷盗，并通过严格的立法予以保障。公园实行严格的限额管理和预约制度，每日限额 5000 人；严格限制旅游设施建设，经评估，通过特许经营的方式设置一定的服务点或营地。

3.4.2 严格的管理条例

克鲁格国家公园从盗猎的重度发生区，转变成为目前野生动物管理的样板区域，最有力的举措是通过严格的立法保护实现的。在以国家公园为主体的自然保护地体系建设中，针对不同类型的保护地，甚至每一个保护地，都有必要通过立法、出台相关规章制度和管理办法，以及推进标准化建设等措施，实现对各类保护地差异化、精准化和高效化的保护。

克鲁格国家公园中各类行为活动规范开展，如公园实行严格的限额管理和预约制度，每日限额 5000 人；严格限制旅游设施建设，经评估，通过特许经营的方式设置一定的服务点或营地；游客游览需要导游带队，不允许私自在公园内行走参观和拍摄，行车途中不允许下车，不得随意建设各种设施等；游客需关好车窗，不能离开车辆，禁止挑逗和喂食动物；工作人员、车辆等都具有统一标识，无不体现标准化建设。通过多年来的实践和法规的调整，克鲁格公园的法规政策和标准化已经比较完善。

3.4.3 存在的问题

2013 年发生的一个案例反映出克鲁格公园的管理措施存在的问题。2013年 12 月 30 日，克鲁格国家公园中，包括一名英国女子在内的几名游客受到了公园中一头野生大象的攻击，公园方面为了避免出现严重伤人事故，将大象射杀击毙。此举激发了南非当地民众的广泛讨论，大部分民众对此行为表示强烈谴责。当时的具体情况是，这头大象正在散步，一对夫妇开车经过，并从后面停车对其进行拍摄。一段时间后，大象突然停下来直接奔向这对夫妇的车辆，并将汽车从路上掀翻到路边的灌木丛中。公园立刻派人射杀了大象，并将受伤人员送往医院。经医院诊断，英国女子大腿后部被象牙刺成重伤，同车男子也受了轻伤。公园当地的民众对此事表示，克鲁格公园作为一个野生动物保护地，不应该射杀野生动物。大象是无辜的，拍摄大象的游客是野生动物栖息地的入侵者。①

这样的矛盾的存在，是自然公园面临的共同问题。保护动物和保护人类有时候是存在矛盾和冲突的。而由于南非国家的特殊性，又使这个矛盾更加突出。与野生动物长期共同相处的当地居民将野生动物视作国家的宝藏，不能被杀害。克鲁格公园长期发展生态旅游业务，会有很多外地和国外的游客，因此必须要保证游客的人身安全；同时公园又采取最严格的的动物保护措施。因此对于这个案例中反映出的问题，制定出有效的权衡措施是非常必要的。

严格的野生动物保护制度也带来一些问题，如野生大象种群数量过度增长，给生态系统造成一定隐患。具体来说，克鲁格国家公园中的非洲大象种群数量近年来迅速上升，由于缺乏天敌，取食过程中破坏大量植被，甚至成为新的生态隐患。对野生动物的过度保护反而会造成不好的效果，可能会影响生物链其他动植物的生存，甚至影响整个生物圈和生态环境的健康发展。②

四、旅游开发利用

4.1 重点发展生态旅游

生态旅游作为克鲁格国家公园保护地重要功能，一直是南非旅游业发展

---

① 佚名. 南非国家公园杀大象救英国女子引发争议 [J]. 环境，2014（01）：69.
② 张贺全，吴裕鹏. 肯尼亚、南非国家公园和保护区调研情况及启示 [J]. 中国工程咨询，2019（04）：87-91.

的重要方面。南非一直将生态旅游作为国家公园或国家保护区的重要功能，乃至作为城市和国家经济发展的重要引擎。同时，包括克鲁格国家公园在内的生态旅游均受到严格管控，包括严格的游客行为管控、限额管理和预约制度、设施建设管控及经营项目管控。世界各地游客，特别是欧美国家的游客选择非洲旅游的一大目的地之一就是克鲁格国家公园，游客去游览的主要目的是观赏野生动物和植物，体验非洲草原的原野自然之美。目前，克鲁格国家公园将旅游作为公园的重要功能，年均收入约 8000 万至 1 亿兰特（折合人民币约 4000 万至 5000 万元）。

早在 1923 年"九年一轮"旅游开始时，旅游业就成为公园的一大特色。克鲁格公园最早以穿过塞拉蒂铁路线的公园闻名。仅在公园于 1926 年 5 月 31 日宣布开始旅游业务营业之后，第一辆旅游车在 1927 年接待了 27 名游客。从那时起，旅游业就已经在公园里开展得很好，还提供了一系列旅游周边产品。公园主要提供以自助餐饮为主的住宿服务，目前公园里有 27 个营地。游客可以在更加具有乡村风情和私密的野外营地休息，一个营地一次容纳 1000 多名客人。公园总共可容纳 3840 名客人，共有 13 个营地，能够提供 302 张床。加上可以背包游览的荒野步道和 4×4 的生态步道，公园共可容纳 8187 名游客。克鲁格公园夜间也在经营。公园还拥有 7 个游戏小屋，和由合同特许公司提供全方位服务的奢侈品商店。最后，还有 5 个由社区拥有和承包的游戏小屋，小屋提供 392 张床。因此，公园过夜游客总数可以达到 8881 人。公园的史库库莎游猎（Skukuza Safari）旅馆的建造进展顺利，250 张床的三星级旅馆已满。该旅馆旨在对接桑帕克斯现有的南波洛（Nombolo）会议中心会展市场。此外，新旅馆旨在满足一个新的，主要是过夜的本地黑人游客市场以及满足少部分国际游客。克鲁格的营地提供各种活动，包括日间散步、游戏驾驶和荒野、背包和 4×4 小径行走。此外，奥利凡特营地还提供山地自行车道。同时公园中强调文化遗产的活动有很大的增长，多样化空间相关产品和经验也在增加。

根据 2016 至 2017 财政年度报告显示，共 1 817 724 名游客进入公园，其中 71.3% 是南澳大利亚居民，而 78.4% 是日间游客。在外宾中，26.6% 来自德国，12.7% 来自法国，英国 10.7%，美国 8.1%，荷兰 6.7%。[①]

---

① Park Management Plan - 2018，南非国家公园管理局官网．[DB/OL]．http://www.
　　sanparks.org，2019-12-14.

针对克鲁格国家公园在开发和运营新的和现有的设施和活动方面，南非国家公园管理局提供了关于以下两个方面的指导：一是重点将放在加强游客管理和口译上，更加注重加强积极的客户反馈；二是确保良好的管理、基础设施维护和治理。

4.2 生态旅游存在的问题

克鲁格公园作为旅游胜地，游客流量大，生态旅游和生态保护的关系及游客管理是需持续研究的重大课题。另外，公园与周边社区关系是一个需要长期关注的问题。社区是国家公园或国家保护区的有机组成，要妥善处理好社区关系，使其成为生态旅游和生态保护的重要力量。但目前来看，克鲁格国家公园与社区的协同发展、共建共享模式仍未建立。[①]

五、社会责任

5.1 文化传承

克鲁格国家公园最出名的是它的大型野生动物生活场所和广阔的荒野；克鲁格也有着独特的文化和历史景观和多样性，有超过 255 处有记载的考古遗址，从早期石器时代（大约 100 万年前）到铁器时代的定居点以及近代的历史建筑和遗址。克鲁格公园重视保护这些历史建筑和遗址。公园目前建立了数个遗址保护点，按照遗址名对各个保护点进行命名。目前对公众开放的保护点有：阿尔巴西尼遗址、马索里尼和图拉梅拉。这些保护点中的许多遗址都具有文化和精神上的重要性，而其他网站则展示了该地区文化遗产保护的悠久历史。由于这些遗址的文化和精神价值以及历史重要性，保护这些遗址势在必行。作为保护该地区的国家管理者，南非国家公园管理局有法律义务和责任保护这些遗址。

---

① 张贺全，吴裕鹏. 肯尼亚、南非国家公园和保护区调研情况及启示 [J]. 中国工程咨询，2019（04）：87-91.

5.2 科研教育

克鲁格公园对于园内的科研教育是非常重视的，注重员工的科学素养等方面的培训，同时也对外展开科研研究和科学教育工作。人员素质是自然保护地发展的基础。通过考察发现，无论是向导、基层技术人员，还是管理人员，克鲁格公园对自己的历史沿革、资源特征、动物习性、社区关系等基本情况有非常深入的了解，其保护理念也较为先进，对开展科普教育的时机也把握得恰到好处。

最具代表性的科研教育项目就是克鲁格公园的热带草原和干旱研究小组（Savanna and Arid Research Unit）。

桑帕克斯的正式内部科学研究起源于克鲁格国家公园（KNP），公园在 20 世纪 50 年代建立了第一个有工作人员的研究站。总部设在 Skukuza 和金伯利的科学服务集团于 2006 年合并，在科学服务部门内成立了热带草原和干旱研究小组。这与 AW 梅隆基金会提供的大量生态系统研究支持赠款一起，极大地增强了研究小组在热带草原、干旱和草原公园方面的研究能力。

今天，热带草原和干旱研究小组负责管理几个国家公园的研究和监测，即阿多大象、金门高地、马彭古韦、马拉凯尔、克鲁格、卡拉哈里大羚羊、理查德维德、奥格瀑布、莫卡拉、斑马山、卡鲁和坎德波国家公园。每个公园不同的生物群落和独特的社会环境对这些高度多样化的公园的管理有着重要的影响。研究这些社会生态系统的复杂性，并向公园管理者提供基于科学的建议；衔接公园管理人员和科学家之间的联系；以及就减少不断变化的社会生态环境的影响提出建议，是该小组的核心职能。这些问题由不同的学科知识解决，如系统生态学、公园界面学和生态恢复学。公园的人员编制包括 14 名科学家和科学管理人员、3 名区域生态学家、14 名专业技术人员、生物技术人员和研究促进管理人员、3 名行政人员和 21 名一般支持辅助人员（游戏看守、小屋服务员、监督员和一般工作人员）。[①]

目前在克鲁格国家公园的斯库扎、法拉博瓦和辛格威兹设有办公室和研究支持设施；金伯利、克尼斯纳（为阿多大象、山地斑马、坎德波和卡鲁核

---

① Park Management Plan - 2018，南非国家公园管理局官网．[DB/OL]．http://www.sanparks.org，2019-12-14.

电站提供服务）以及马拉卡勒、卡拉哈里大羚羊和阿多大象等较小的公园设置卫星办公室。在公园（斯库扎、辛格威兹、法拉博瓦的研究营地和住宿地）都有供访问研究人员使用的设施。这些举措大大激发研究者的兴趣，并扩大了公园与众多不同的地方和国际学术和科学研究伙伴的研究合作的性质和范围。

5.3　社区发展

克鲁格公园高度重视保护地周边社区发展。在南非，国家公园和国家保护区成立时，就通过协商将原住民转移到保护地之外，因此，社区主要分布在保护地周边。南非高度重视社区发展，始终探索社区与保护地共建共享的模式。南非国家公园官网的资料显示，克鲁格国家公园成立了一项名为人与保护的公园项目。通过这个项目，公园和自然保护部门已设法与邻近社区共同建立了各种子项目，例如：（1）销售渠道：克鲁格门销售点，Numbi Gate 销售点，Hlanganani Phalaborwa 销售点，这些项目通过经济赋权得到促进，由社区艺术和手工艺者拥有和管理。（2）承包商发展计划：建筑和围栏维护，这些项目是与克鲁格国家公园技术服务部门共同努力完成的，由 DEAT 通过扶贫项目赞助。（3）入侵物种控制：这是由 DWAF 和劳工部资助的入侵物种控制单位之间的一个联合项目。（4）社区外联方案：关于克鲁格国家公园、保护信息、旅游活动、进入机会和保护重要性的信息与社区共享。（5）学校和社区中心的植树：应社区中心和学校的要求捐赠树木，在植树节庆祝活动中种植。（6）图拉梅拉遗址的重建：该项目旨在促进克鲁格国家公园的文化遗产管理，作为保护区及其邻近社区应对文化宽容的一种手段。（7）技能和学习能力发展计划：该方案得到促进，以提高社区成员在工作环境中的就业技能。这是由劳动部通过 INTAC– THETA 项目资助的。[①]

---

① Park Management Plan-2018，南非国家公园管理局官网．[DB/OL]．http://www.sanparks.
org，2019-12-14.

六、持续发展

6.1 安全、疾病防控和管理

克鲁格公园是世界上野生动物密度最大的公园之一，因此疾病的监控是非常重要的。公园里有大量多样的野生动物和社区家庭交会的地方，从城郊住宅到公共畜牧业，灌溉甘蔗生产和采矿区，都在距离公园 5 千米以内。这些密集的交会区域已经使得许多外来疾病，如疯牛病、狂犬病和犬瘟热从家畜传染到了野生动物。同时还检测到了诸如子宫肌瘤等动物疾病，这类疾病与气候周期相关，例如干旱气候造成了之后的啮齿动物的疾病爆发（如鼠类会得多乳房疾病）。气候变化和洪水、干旱等重大事件可能进一步引发啮齿动物传播的人畜共患疾病和新出现的疾病，如鼠疫、钩端螺旋体病、汉塔病毒等。

克鲁格公园的疾病管理计划的目的是认可土著疾病是一种公园内生物多样性的组成部分，同时限制外来物种的引入以防传播疾病，并尽量减少疾病在公园的传播。南非公园管理局承认其在管理疾病方面的法律责任，特别是根据 1984 年制定的《动物疾病法》的第 35 号要求。尽管疾病管理在自由放养的野生动物中有限，但重点在于疾病引入的预防（特别是外来疾病，如牛结核病、犬瘟热），并降低本地野生动物疾病的风险及对邻近的社区和他们的牲畜的影响。由于疾病的动态性和诊断测试的持续改进，疾病管理取决于依据可用数据作出最优的决策。从国家疾病控制的角度来看，公园目前在防控的疾病包括口蹄疫（FMD）、牛结核分枝杆菌、布鲁氏菌病、非洲猪瘟、非洲马疾病和炭疽热等，这些疾病将会严重影响畜牧业经济。

克鲁格公园是热带草原公园，由于这里多样的动物（包括许多大型哺乳动物携带多种疾病并易受多种疾病影响的物种）和亚热带气候，存在着各种不同的病原体和载体。公园的边界是高密度的工商业、畜牧业和混合城郊与农村居民区，为疾病转移创造了一个密集的界面。就以下方面而言，靠近保护区也可能给社区畜牧业者带来巨大风险，甚至会直接影响疾病传播，也会使贸易增加强加的限制。牲畜，特别是牛，仍然是南非农村的经济支柱，但它们易受共享传染病的攻击，特别是野生牛科动物的一些疾病可能使家畜牛致残。在公园周围地区，最显著的例子是由非洲野牛携带的 FMD 疾病。克鲁格公园仍然是一个非洲水牛 FMD 疾病疫区。接种战略疫苗和监测公园周围FMD 疾病缓冲区里的野牛群帮助公园的其余部分预防 FMD 疾病。但是并非治疗的直接成本，而是 FMD 疾病在贸易限制方面的间接影响，会减少公园附近公共区域经济可行的耕作活动。其他可以从非洲水牛传染给牛的疾病还有细小泰勒虫病、无形体病和反刍埃立克体病，治疗费用对小牲畜饲养者来说可能很高。公园里的野水牛是牛源性疾病 BTB 的野生宿主。野生动物通常被视为人类及其家畜很多疾病的来源，许多外来疾病可以通过野生动物迁徙进入一个国家，新出现的疾病通常首先在野生动物身上发现，野生动物可能会受到新引入疾病的威胁，野生动物疾病可能是潜在环境退化的重要指标。因此，公园目前的疾病监测和管理计划是有必要且有益的。

6.2 可持续发展

克鲁格公园对未来的可持续发展有着清晰的计划。公园目前维持所有现有方案和项目，目的是通过克鲁格国家公园提供的机会，最大限度地增加克鲁格国家公园对社区发展的贡献，从而建立保护区。克鲁格公园的管理者构画了公园未来的理想状态。为了有效地保护和管理公园的当前和未来范围，公园的理想状态是通过适应性规划来引导公园的日常运营和管理。为了达成这种期望的状态，公园管理者把重点放在使命、公园和周边区域环境、操作原则和重要属性，主要目的是让这个公园独一无二。依据这一愿景来制定公园目标，加强积极的决定因素，削弱或消除消极的影响因素，以便使目标适合这个公园的独特性以及它所依存的景观环境。为此，可持续发展的管理计划根据其区域和本地环境进行制定，而不减损它与某些其他公园相似的一些更普遍的功能。以上管理计划确定了森林合作伙伴关系，以及公园的愿景和中期（10 年）与利益相关方合作实现愿景和使命的优先事项。

公园的愿景为其未来的可持续发展提供一幅设想的未来图景。南非国家公园管理局的愿景，包括克鲁格国家公园在内的所有国家公园的情况如下："连接社会的可持续国家公园系统"的任务定义了公园的基本目的，简洁地描述了它存在的原因以及它如何实现自己的愿景。从整个国家公园系统的角度来看，南非国家公园管理局已经确定了一个广泛的针对每个公园的愿景和战略方向。这一战略方向旨在补充其他公园在增加南非国家公园系统整体价值方面的作用，如生物多样性保护、娱乐机会和区域社会经济贡献。因此遵循公园的战略方向也为实施方案提供了信息。以下任务是经过广泛的在 15 个公共讲习班和 12 个专题重点小组期间与利益攸关方协商研讨所得出的结论："保护、保护和管理生物多样性、野外保护地质量和文化资源，提供多样化和有责任心的游客体验，为社会、生态谋福祉，同时建设一个独特的区域景观。"①具体的战略计划如下：

6.2.1　战略计划

南非国家公园管理局的战略计划核心着眼于组织管理的所有方面，包括治理和业务运营支持管理。战略计划遵循了平衡计分卡绩效管理方法，以确保一致性，有效和高效地执行组织战略和绩效管理制度。该战略计划列出了组织有效和高效所需的关键战略目标，以及从平衡计分卡的角度应由管理局完成的任务。克鲁格国家公园的管理确保执行南非国家公园管理局的战略计划。

6.2.2　管理计划

克鲁格公园的北部没有潜力做到与南部相当的收入，但它的文化遗产价值略高于南部。在其他方面，两者相似。由于其跨界地位，它在生物区域和区域背景下具有重要意义。公园北部有未来十年创造额外收入的潜力。通过实施可持续的定居计划、土地索赔等一揽子计划可为社区带来好处。政府、私营部门和社区之间的《政府、私营部门和社区合作协议》的达成，使得合作伙伴进一步寻求利用保护相容的社会经济机会以及通过释放跨界准入、旅游、营销、品牌和发展的影响等的巨大机遇。有可能通过全球贸易融资机制合作安排树立一个展示战略伙伴关系的榜样，增强和协调多样化可持续发展实践。如由于全球环境的变化，预计未来 20 年对生物多样性的影响将会增加，生物多样性面临很高的风险，针对这个情况，克鲁格公园为了未来的可持续发展，已经减少缓冲区水量的开采。②

---

① Park Management Plan - 2018，南非国家公园管理局官网．[DB/OL]．http://www.sanparks.org，2019-12-14.

② Park Management Plan - 2018，南非国家公园管理局官网．[DB/OL]．http://www.sanparks.org，2019-12-14.

七、总结

克鲁格国家公园采用的管理模式是自上而下垂直管理模式，由南非政府直接管理。南非的国家公园是一种国有的自然保护地，一般在国有土地上建立，或接受私有土地捐赠、赎买私有土地后设立国家公园，均由国家成立专门管理部门进行垂直管理。克鲁格国家公园是由南非国家公园管理局（SANparks）直接管理。

克鲁格国家公园的特色管理方法主要有：一、与社区签订契约管理协议。国家公园与社区和私人土地所有者共同协商，解决公园土地使用问题。通过契约管理协议，土地所有者成为公园的利益相关者，对改善与公园相关的生态系统服务，对其他核心功能，如负责任的旅游、社会经济利益和管理考虑——如安全和安保、外来入侵者物种管理和其他风险因素——都具有贡献。二、国家公园群的建立。克鲁格国家公园与津巴布韦的刚纳瑞州国家公园和莫桑比克的林波波国家公园组成了国家公园群，共同建立起了大林波波河跨境公园。三个国家公园相连，且不设物理边界，野生动物可以自由越过国境线进行迁徙等自然活动，从而提高野生动物的保护成效。三、与多机构和部门建立战略合作伙伴关系。克鲁格公园积极努力促进与多机构和部门的合作，寻求共同利益，包括保护和环境管理、矿产选区、安全和安保、跨界准入、寻求集体投资机遇等领域与一系列伙伴开展合作。这一持续过程能够解决公园与各种合作伙伴相关的风险和问题，成为保护倡议的一部分。

参考文献

［1］张贺全，吴裕鹏. 肯尼亚、南非国家公园和保护区调研情况及启示［J］. 中国工程咨询，2019（04）：87-91.

［2］韩璐，吴红梅，程宝栋，温亚利. 南非生物多样性保护措施及启示——以南非克鲁格国家公园为例［J］. 世界林业研究，2015，28（03）：75-79.

［3］魏波. 南非克鲁格国家公园［J］. 世界知识，1994（09）：22.

［4］戎小熊. 难忘的克鲁格国家公园［J］. 野生动物，2001（03）：47-48.

［5］唐芳林，孙鸿雁，王梦君，王志臣. 南非野生动物类型国家公园的保护管理［J］. 林业建设，2017（01）：1-6.

［6］蔚东英. 国家公园管理体制的国别比较研究——以美国、加拿大、德国、英国、新西兰、南非、法国、俄罗斯、韩国、日本10个国家为例［J］. 南京林业大学学报（人文社会科学版），2017，17（03）：89-98.

［7］佚名. 南非国家公园杀大象救英国女子引发争议［J］. 环境，2014（01）：69.

［8］孙敬阳. 非洲建成最大的野生动物园［J］. 中国地名，2003（03）：36

［9］W. Malherbe, K.W. Christison,V. Wepener, N.J. Smit. Epizootic ulcerative syndrome − First report of evidence from South Africa's largest and premier conservation area, the Kruger National Park［J］. International Journal for Parasitology: Parasites and Wildlife, 2019（10）.

［10］K. Dube,G. Nhamo. Evidence and impact of climate change on South African national parks. Potential implications for tourism in the Kruger National Park［J］. Environmental Development, 2019.

第十篇

印度尼西亚婆罗浮屠公园

一、世界上最大的佛教塔庙

世界上最大的佛教塔庙——婆罗浮屠塔，位于亚洲印度尼西亚爪哇岛中部的马吉冷婆罗浮屠村，这座古老塔庙的名字由此而来，而"婆罗浮屠"梵文的意思是"山丘上的佛塔"。① 塔庙占地面积约为 1.23 万平方米。② 这是一座沉睡在热带丛林深处的佛塔，安静地卧在丛林之中，被寂静与沉思包围。在充满浓郁自然气息的环境中，这座人工建筑显得更加突出，也更加吸引人们的目光。围绕在塔周围的，是几个郁郁葱葱的山丘，位于北部的是安东特洛莫约山，位于东部的是默拉皮 – 默巴布山，南部的是默洛埃丘陵，而西部的是萨姆彬 – 辛多罗。③ 热带地区自然也少不了河流环绕周围。婆罗浮屠塔的周围有四座火山，其中默拉皮火山对这座古老塔庙的影响最大。婆罗浮屠塔在1991 年根据文化遗产遴选标准 C（Ⅰ）（Ⅱ）（Ⅵ）被列入《世界遗产目录》。③

莲花是佛教艺术中的经典象征物，这座佛教塔庙远远看去，也像极了一朵莲花，中间最大的佛塔就像一朵含苞的花蕾。就像它的名字一样，"山丘上的佛塔"，婆罗浮屠塔实实在在是建立在山丘上的。在佛塔未建之时，这里本身就是一座矮矮的山丘，人们在小山丘上又加盖一层土层，然后才开始了塔基的搭建。④ 由于地处多火山地带，这座古老塔庙所采用的石料大多是火山喷发后形成的石头，石块之间没有任何黏着物。从整体来看，塔庙总高 35 米，

① 盛静. 婆罗浮屠. 中国国家地理. [EB/OL]. http://www.dili360.com/article/p573538bd35f7077.htm, 2019-12-12.

② 婆罗浮屠塔 [EB/OL]. https://baike.baidu.com/item/ 婆罗浮屠塔 /3673377?fr=aladdin, 2019-12-12.

③ 拉雷娜·亚迪莎堤，张伟明. 印度尼西亚婆罗浮屠塔：从纪念物到文化风景遗产 [J]. 中国博物馆，2005（03）：84.

④ 印度尼西亚婆罗浮屠 [EB/OL]. https://www.bilibili.com/video/av12187234?from=search&seid=13151070380434630314, 2019-12-13.

塔基边长大约为 120 米，在塔基之上，是五层方台和三层圆台组成的金字塔式的结构。五层方形台阶是供人们游览和向上行走的走廊，在塔基和走廊的墙壁上都绘有壁画，壁画的内容大抵是与释加牟尼或佛教相关的内容，壁画生动形象，栩栩如生，至今仍然清晰可辨。三层圆形台阶上有 72 个吊钟形的佛塔，表面是用砖块堆砌出的菱形镂空图案，里面端坐着神圣的佛像，透过菱形镂空若隐若现。正中央是一座大吊钟形圆塔。仔细观察可以发现，整座古老塔庙并没有明显的入口，在我们所能见到的大多数与佛教有关的建筑中，都能够看到明显的入口，供人们朝拜之用。如前文所提到的，婆罗浮屠塔是在天然小山丘的基础上再添一土层而建，因此并没有内部空间。

从自然资源的角度来看，婆罗浮屠塔所处的地理位置并没有特别突出的自然资源，像大部分热带地区一样，茂密的丛林，湿热的气候，丰富的热带水果，值得一提的是，这里的火山多且活跃，不像日本富士山一般静如处子，而更像十七八岁的少年一样热血沸腾。从人文资源的角度来看，婆罗浮屠塔是世界上最大的佛教塔庙，从上到下，五层方形台阶加三层圆形台阶加最顶端的大吊钟形圆塔，一共九层，而九是佛教中的至高数字。[①] 而墙壁上的壁画，刻画了释迦牟尼修行的平生、人民的生活风俗和警戒的恶行。壁画是如此形象生动，栩栩如生，以至于我们可以清楚地看到奴隶主惩罚犯错的奴隶，还有两个人互相撕扯头发打架斗殴。实际上，由于没有明显的入口，婆罗浮屠塔更像一座山，一座用来朝拜的圣山。山的特点是高，有的山甚至高耸入云，仿佛直通云霄，连接天地，人们朝拜圣山一般的婆罗浮屠塔，仿佛可以直接与上天进行精神交流，因此这是一座信仰之山。值得一提的是，实际上，婆罗浮屠塔与另外两个塔庙是呈东西相连的一条直线排列，自西向东依次为婆罗浮屠塔、巴旺寺、门杜寺院。与婆罗浮屠塔不同的是，门杜寺院是有入口的，其内部有可以朝拜的佛像。[②] 从整体来看，三个寺院是一体的，最东边的门杜寺院仿佛是婆罗浮屠塔的入口，朝圣者从最东边的门杜寺院出发，一路向西来到巴旺寺，在此净化心灵后，继续向西前进，来到朝圣终点"圣山"

---

① 盛静．婆罗浮屠．中国国家地理．[EB/OL]．http://www.dili360.com/article/p573538bd35f7077.htm, 2019-12-12.

② 印度尼西亚婆罗浮屠 [EB/OL]．https://www.bilibili.com/video/av12187234?from=search&seid=13151070380434630314, 2019-12-13.

婆罗浮屠塔，人们环绕寺庙后登上走廊，层层向上，最终来到塔顶。通过这样的方式，领略佛教的魅力，这才是婆罗浮屠塔最吸引人的地方。作为世界上最大的佛教塔庙，婆罗浮屠塔应该是每一个佛教信徒心中的至高殿堂，它的神秘与庄重吸引着世界各地的人们前来朝拜，这座神秘的庙宇如今不再隐秘山林。无论是它的规模、外形、壁画、构造，还是内涵故事，无不深深地吸引着人们，这座以金字塔式的曼荼罗形式出现的巨大的大乘佛教遗址，最终在 1991 年被列入《世界遗产目录》，而对于它的探索，远远不止这些，等待着我们的将是更多神秘面纱被一一揭开，给人们带来更大的震撼。

二、跨过历史长河的艰难险阻

实际上，并没有确切的文字记载婆罗浮屠塔的建造者，更无从知晓究竟其为何而建。① 但是，在探索挖掘和修复婆罗浮屠塔的过程中，人们发现了一部分旧的古老的塔基，而婆罗浮屠塔的历史，正是从这里开始。这部分旧的塔基上显示着雕刻的文字，从文字中人们估计出，大概建成于公元 800 年。公元 800 年，强盛的夏连特王朝掌控着爪哇地区，其统治者皈依了大乘佛教，动用了数量庞大的工人、工匠、雕刻家和艺术家共同建造这个用来颂扬佛祖和存放舍利的巨大佛教庙塔，花费了 80 年甚至更长的时间才得以完成。② 这项浩荡的工程寿命却异常短暂，竣工于公元 835 年的婆罗浮屠塔在公元 10 世纪左右就被废弃了。失去了人们注意力的婆罗浮屠塔，在丛林深处悄然崩塌，被大自然恣意蚕食。对于这颗"掌上明珠"突然掉进大海深渊的疑问有两种说法：一说是因为 1006 年，处于地震带边缘的爪哇发生地震，活火山默拉皮火山喷发，为躲避灾难人们背井离乡离开此地，这个伟大建筑因此荒废；二是说因为修建这个庞然大物动用了大量的人力，人民不堪沉重的劳役，佛教

---

① 刘浪．印尼神秘千年佛塔：婆罗浮屠．人民网 [EB/OL]．http://www.people.com.cn/GB/198221/198819/198858/12308584.html, 2019-12-13.

② 盛静．婆罗浮屠．中国国家地理 [EB/OL]．http://www.dili360.com/article/p573538bd35f7077.htm, 2019-12-12.

不再像之前那样受欢迎，加上 15 世纪伊斯兰教势力的入侵，佛教势力渐渐淡出，因此，婆罗浮屠塔在爪哇的热带丛林中深深地沉睡了千年。无论如何，我们可以确定的是，在漫漫的历史长河中，婆罗浮屠塔并不是一直光鲜亮丽地展现在世人面前的，有那么一段时间，它消失在了人们的视野中。

爪哇作为英国的殖民地，在 1811 年至 1816 年被英国统治。上尉莱佛士被任命为爪哇副总督，他对爪哇的历史非常感兴趣，因此他经常去岛上与居民交流并收集一些当地的古董。过程中，他得知了沉睡在丛林深处的婆罗浮屠塔，他派遣一名工程师前往探查。经过工程师和 200 多人的共同努力，开辟出了前往婆罗浮屠塔的路，但是由于地震塌陷、火山喷发，婆罗浮屠塔已部分塌陷和被隐匿，人们只发掘出塔庙的一部分。他们将这件事报告给上尉莱佛士，莱佛士在后来他的《爪哇历史》中用寥寥数语提到了此次发现，虽然没有详尽的描述，人们还是将发现婆罗浮屠塔的功劳归功于上尉莱佛士，如果不是他，婆罗浮屠塔这座伟大建筑就不会有重见天日的一天。

1935 年，Kedu 地区的荷兰行政长官 Hartmann 对婆罗浮屠塔进行了进一步的发掘，经过他的不懈努力，最终挖掘出了婆罗浮屠塔的全部。Hartmann对古老佛塔有着浓厚的兴趣，但他并没有对自己的发掘过程做任何记录，所以后人也无法考证他在此次挖掘中的发现。据传说他发现了主舍利塔中的大佛，这座大佛比婆罗浮屠塔中的其他佛像大许多倍，百倍于其他佛像。其中可能有夸大的成分，但可明确的是，主舍利塔里的佛像十分巨大。尽管如此，现在主舍利塔里空空如也，没有任何东西，也没有明确的文字记载其中究竟有何物。自此之后，一直到 1973 年，政府对婆罗浮屠塔进行断断续续的整修。期间收集了许多材料，也出版了对古老塔庙的详尽研究。[①]

1973 年至 1983 年，联合国教科文组织开展了对婆罗浮屠塔的修复工作。这项工程非常浩大，动用了大量的人力和设备。导致修复工作困难的原因之一是婆罗浮屠塔的规模较大，陈列的佛像较多。工作人员用吊车把佛像移动至地面，对佛像进行清理和修复。部分佛像的头部和四肢缺失。在修复过程中，人们对周围进行了细致的搜索，找回了部分残肢，但仍有丢失。丢失的原因有很多，其中包括之前游客参观时对佛塔的破坏和"顺手牵羊"。修复工

① 刘浪. 印尼神秘千年佛塔：婆罗浮屠. 人民网 [EB/OL]. http://www.people.com.cn/GB/198221/198819/198858/12308584.html, 2019-12-13.

作困难的第二个原因是精美复杂的壁画占据整座佛塔的大部分。据统计，需要修复的浮雕的数量一共有 1460 块，这对于修复工作来说是巨大的挑战。修复浮雕时，首先要把将解体的浮雕砖块取下标上序号，以方便后期的还原。接着用清水冲洗每一块浮雕，再用与浮雕颜色和质地相似的特殊材料对残损的地方进行修补。最后再按照事先标注好的序号将 1460 块浮雕砌回原位。在修复过程中，如果遇到丢失的浮雕，工作人员会用相似的石材制作成合适的尺寸安放在丢失的位置，由于不能对古迹进行随意地创作和改动，因此并不能够制作新的浮雕安放在丢失的地方，而是要在用作替代的石块上做好标记，一般是在石块中间嵌入一颗钢钉，以区别于之前的浮雕。经过 10 年的整修，婆罗浮屠塔终于以它尽可能完整的形象出现在世人面前。[①]

好景不长，婆罗浮屠塔在修复完成后的 30 年内又经历了一次巨大的灾难——默拉皮火山喷发。2010 年，活火山默拉皮火山又一次喷发了，而距离上一次的喷发有 150 年。尽管默拉皮火山距离婆罗浮屠塔有一段距离，但是这一次的喷发给刚修复完成的婆罗浮屠塔造成了巨大的伤害，其中主要原因是厚重的火山灰带来的损害。这次的火山喷发断断续续地持续了将近一个月，使得婆罗浮屠塔累积了非常厚的火山灰，特别是在下面几层的走廊上。走廊地面的砖块缝隙被火山灰填满，而顶层的佛像上也落满了厚厚的火山灰。火山灰的清理是非常麻烦的。火山灰对婆罗浮屠塔建筑的影响主要在两个方面：一是火山灰对建筑的腐蚀作用；二是如果不及时清理火山灰，可能会滋生苔藓等生物，进而对砖块带来不利影响，使砖块变得脆弱易碎。在清理的过程中，工作人工用刷子清理落满火山灰的婆罗浮屠塔，由于火山灰非常厚，导致清理工作异常困难。为了防止清理好的部分建筑再次受到火山灰的破坏，清理人员每清理完一部分便用塑料布保护起来，通过这样的方式减少了婆罗浮屠塔的损害，使清理工作加快了进程。

如今人们见到的婆罗浮屠塔，是经历过无数灾难后的"新"的婆罗浮屠塔，它跨过历史长河的艰难险阻，最终以坚强的形象出现在世人面前。当我们看到婆罗浮屠塔时，不仅仅会想到蕴含在其中的文化传说，也必然会记得人们为保护人类文明而作出的不朽贡献。

---

① 印度尼西亚婆罗浮屠 [EB/OL]．https://www.bilibili.com/video/av12187234?from=search &seid=131510703804346303 14，2019-12-13．

婆罗浮屠塔在 1991 年根据文化遗产遴选标准 C（Ⅰ）（Ⅱ）（Ⅵ）被列入《世界遗产名录》。20 世纪 80 年代，印尼政府就开始准备婆罗浮屠塔的申遗提名工作了。印尼当局准备将婆罗浮屠塔作为历史遗迹而不是文化景观申请列入《世界遗产名录》，这样才能符合《世界遗产公约》"突出的普遍价值"的标准。正因为婆罗浮屠塔作为历史遗迹列入《世界遗产名录》，提名档案里对这座古老塔庙的描述是有选择性的，更多的是描述那些看得见摸得着的有形的历史遗迹，介绍婆罗浮屠塔的遗址等相关建筑，对于古老塔庙中所蕴含的传统文化和宗教历史、塔庙周围的自然环境以及对当地人生活带来的影响等无形的抽象的因素则少有提及。尽管如此，根据 1991 年的《世界遗产名录》，我们必须承认的是，婆罗浮屠塔被认为是佛教建筑和不朽艺术的杰作典范。[①]

三、从单一的政府管理到越来越多的民众参与

经过联合国教科文组织 10 年对婆罗浮屠塔的整修和 1991 年提名工作的完成，这座举世无双的古老塔庙不仅引起了世界的注意，引起了国际组织的注意，更引起了当地政府的注意，为了更好地发展和保护婆罗浮屠塔，发展当地的旅游业，促进经济的发展，传承当地的传统文化，印尼政府在 1992 年颁布了总统令。在 1992 年的总统令中规定，婆罗浮屠塔由中央政府管理，而当地的民众并不参与婆罗浮屠塔的管理。这样的管理模式有一定的好处，在中央政府的管理下，人力、物力、财力都能在国家公园管理中充分发挥作用，更为高效地处理各种复杂事物，提高管理过程中的规范性。在国家公园发展的早期，这种管理模式的优点是显而易见的，能够保证财政的稳定，推动婆罗浮屠地区基础设施的建设，促进了旅游产业的经济增长，有利于从国家政府角度推动对婆罗浮屠塔旅游景区的宣传，宣传力度更大，促进了国家间的

---

① Nagaoka M. (2016) Evolution of Heritage Discourse and Community Involvement at Borobudur: Post-Implementation Phase of JICA Master Plan from the 1990s Until the Twenty First Century In: Cultural Landscape Management at Borobudur, Indonesia. SpringerBriefs in Archaeology. Springer, Cham.

友好往来，同时也意味着婆罗浮屠塔作为旅游产业得到了国家的认同。另外，这种管理模式还对保证婆罗浮屠地区的稳定与安全有着重要的意义。在很长的一段时间内，婆罗浮屠塔一直采用这样的管理模式。随着时间的推移和地区的发展，这种管理模式的弊端日益显现出来。

从当地居民的角度来说，总统令把婆罗浮屠塔与当地居民分隔开来，作为独立的文化景点进行管理，当地居民对于婆罗浮屠塔的陌生感和距离感使得人们缺少了对于保护和保存文化遗产的责任感。相对于游客甚至政府来说，当地居民世世代代与婆罗浮屠塔长厮厮守在这枝繁叶茂的热带丛林中，对婆罗浮屠塔本应最了解也最有情感，而这一政策恰恰使得这样一群与古老佛塔最有渊源的人变得与婆罗浮屠塔疏离。也正因如此，婆罗浮屠塔作为旅游产业的发展带来的收益并没有很好地惠及当地居民，这座有着强烈吸引力的佛教杰出建筑，在政府的管理和宣传下，加上国际组织的帮助，每年都会吸引大量的游客，理论上应该对当地经济的发展带来比较大的收益，可事实上婆罗浮屠地区居民的收入并没有因为旅游业的发展而获得较大的改善，人们收入微薄，过着并不富裕的生活。这是这种管理模式最显而易见的缺陷了，当地居民与婆罗浮屠塔的管理分隔开来，人们无法参与景点的任何活动，对当地居民几乎产生不了任何经济效应。显然，印尼政府注意到了这一点，并试图作出改变。

从当地政府的角度来说，总统令使得政府无法将管理婆罗浮屠塔与管理当地居民结合起来，当地居民被边缘化，无法发挥群众的力量，没有使旅游景点与社区生活很好地融合在一起。而无论是从谁的角度来说，没有给人民带来福祉都是一个非常严重的问题，政府耗费大量的人力、物力、财力，却没有提高当地人民的生活水平，没有促进婆罗浮屠地区的经济收入，根本的原因就是没有发挥当地居民在旅游发展和景点管理中的重要作用，实际上也是一种对资源的浪费。总统令把婆罗浮屠塔的管理与当地居民分隔开，实际上也是疏于对婆罗浮屠塔周围的地区包括当地居民的管理。在管理婆罗浮屠塔景点时，政府把重心都放在了古老塔庙的宣传上，对于周围地区的了解比较少，造成了一定程度上的信息不对称，在对外宣传婆罗浮屠塔时，缺少对周围地区的宣传，当游客选择在婆罗浮屠塔游览时，只是单纯地欣赏这座举世无双的佛教建筑，而后便离开，不再游玩婆罗浮屠周围的村庄小镇，欣赏当地的风土人情，这使得婆罗浮屠地区并不能充分利用游客带来的资源。更严重的问题是，婆罗浮屠塔是一座历史遗迹，也是一座文化建筑，有自己的文化内涵所在，而在婆罗浮屠塔的管理和开发的过程中，缺少了"人"这一重要因素，任何文化的传承和内涵的延续都离不开人，缺少了当地居民的婆罗浮屠塔也自然会失去一部分文化活力。当地居民带来的不只是"人"这一简单的活力因素，还有蕴含在社区里的文化活动，而这些因素使得一个文化景点的形象立体饱满，也恰恰是旅游景点所应向外传达的内容。婆罗浮屠塔是一座杰出的佛教建筑，而能够建在婆罗浮屠地区，正是出于当地人对宗教的需求，隔离了当地居民与婆罗浮屠塔，一方面也意味着隔离了当地的宗教和宗教建筑，这是一件多么难以理解的事情。各个国家的佛教信徒不远万里来到此地，不仅仅是为了见到神圣的建筑，也是为了与凝聚在婆罗浮屠塔里的佛教信仰者进行交流，而这些信仰者，就居住在婆罗浮屠塔周围地区的小小村落里。仅仅对婆罗浮屠塔进行管理，也意味着疏忽了对于这座古老塔庙所处的环境的管理，自然因素也是极具魅力的一点，自然见证了婆罗浮屠塔的建成、坍塌、整修、积灰和重建，周围的自然环境不仅仅是一些欣欣向荣的热带植被，其中也内含着婆罗浮屠塔的历史，这样的管理模式使得人们忽视了自然的重要性。可以说，婆罗浮屠塔及其吸引人的内涵不仅仅是一座佛教建筑而已，更重要的是许多年来陪伴并造就了婆罗浮屠塔的种种因素，单纯的婆罗浮屠塔根本无法显现这其中的魅力，因此，尽管1992年颁布的总统令带来了管理模式有其好的一方面，可随着时间的推移，缺点也将会显露，这种管理模式也必将作出改变。

2014年颁布的总统令对这一现象作出了改变，给予了当地人民参与管理与保护婆罗浮屠塔的机会，并强调要提高婆罗浮屠地区人民的生活水平，促进基础设施建设以带动当地经济的发展。基于此，当地居民在婆罗浮屠塔及其周围地区的管理中扮演了重要角色，增强了人们对于保护婆罗浮屠塔这座伟大建筑的责任感和使命感。这样一来，婆罗浮屠塔不仅是一个举世无双的历史遗迹，更是一个有着生活气息的生活文化景观，当地居民能够很好地与历史遗迹和自然文化融合在一起，全方位地展示婆罗浮屠塔的内涵与外延，展现了文化的多样性。通过这种模式上的改变，促进了婆罗浮屠地区基础设施的完善，推动了旅游业的发展和历史文化保护的进程，改善了人民的生活环境，增加了外汇收入，促进了国内经济发展，也为当地人民增加了就业机会，解决了就业问题。

从最开始的政府对婆罗浮屠塔的高度集中的管理到后期越来越支持和鼓

励当地居民加入婆罗浮屠地区的管理，这一系列的转变是实践的结果，是多次尝试之后的总结与反思。我们清楚地认识到，对于特定的地区，管理、发展和保护并不是简单的问题，人、物和自然也不是独立分割开来的，而是有机地结合在一起，只有真正做到三者的统一管理、紧密结合，才是真正的具有最大价值的历史遗迹和文化景观。因地制宜，不断调整政策，这是婆罗浮屠塔管理的成功之处，我们不仅要看到婆罗浮屠塔现在所取得的成绩，更应该注意到诸多力量在背后所作出的努力，并不断学习。

四、多方的支持与重获新生

在婆罗浮屠塔修复的过程中，各个国家和国际组织给予了慷慨的帮助。从 1968 年开始，联合国教科文组织曾多次进行实地考察，研究婆罗浮屠塔的受损情况，广泛收集资料，了解婆罗浮屠塔的历史价值和文化价值，并召集各国专家进行商讨，确定婆罗浮屠塔的修复方案。参与讨论婆罗浮屠塔的修复方案的有印度尼西亚本国的官员和大学教授，联合国教科文组织的工作人员，还有来自各个国家的专家学者，主要包括德国、荷兰、法国、比利时、意大利和日本的专业人才。[1]

1972 年，联合国教科文组织发起了一项运动，呼吁全世界各个国家对婆罗浮屠塔的修复工作伸出援手。同年，联合国教科文组织发起了对婆罗浮屠地区的国际保护运动，这场运动得到了成员国在财政上的支持，比利时、法国和德国成为了第一批支持此项运动的国家。国际社会对此次保护运动提出的总预算是 775 万美元。

1982 年，婆罗浮屠塔的国际保护运动收到了来自各个国家、国际组织的捐款和其他的收入总计 6 500 630 美元，印度尼西亚政府的花费超过了 1300 万美元。[2] 如今我们看到的婆罗浮屠地区不仅耗费了巨大的人力、物力、财力，

---

[1] Nagaoka M. (2016) Historical Setting of Borobudur. In: Cultural Landscape Management at Borobudur, Indonesia. SpringerBriefs in Archaeology. Springer, Cham.

[2] Nagaoka M. (2016) Historical Setting of Borobudur. In: Cultural Landscape Management at Borobudur, Indonesia. SpringerBriefs in Archaeology. Springer, Cham.

更凝聚了各个国家和国际组织对保护历史遗迹和文化景观的心血。仰望这座举世无双的伟大佛教建筑，我们不仅崇拜这座古老塔庙的建造者的智慧和信仰，更能体会到那些为了让更多人看到历史奇迹，让佛教文明传承下去的保护者们的汗水和艰辛，他们用行动告诉世人，人类不仅仅有能力创造伟大文明，也有能力保护自己的文明，尽管在自然面前，人类的力量如此渺小不值一提，但随着科技的进步、生活水平的提高和人民对于精神文明的需求，无论是不可阻挡的自然灾害还是心怀恶意的人的有意行为，我们都可以通过自己不懈的努力和各方的支援，重现人类命运共同体的美好家园。

五、婆罗浮屠多姿多彩的体验

婆罗浮屠用它神圣的佛教信仰吸引世界各地的人们前来游览，经过多年对婆罗浮屠旅游业的开发，现在吸引人们的不仅仅是它的佛教内涵，还有更多的精彩项目等着人们体验，并且近些年来不仅吸引着佛教徒前来朝拜，也吸引着非佛教徒前来游览。

婆罗浮屠塔的门票价格并不是特别高，是大多数人都可以接受的范围，成人门票 20 美元，儿童票的价格是 10 美元，全年都可以参观，开放时间为从早上的 6:00 到下午 5:00。花 20 美元在婆罗浮屠畅游一天，感受一下热带雨林里的异国风情，是任何人都不会拒绝的美好体验。合理的门票制度也是婆罗浮屠广受欢迎的原因之一，不会给人们带来更多的经济压力，是人人都觉得合适的价位，尽管花费了巨大的资金来修复婆罗浮屠塔，但这座古老塔庙仍想给人们带来最好的游览体验，这项明智之举，值得各大旅游景点学习。

现在的婆罗浮屠有着更多的项目可供游客体验。游客可以选择租大篷车露营，这样的项目更加适合一家人去游玩，将大篷车开到允许的地方，车前搭上小小的帐篷和桌椅，一家人其乐融融地坐在草地上，更加深刻地感受婆罗浮屠的日出日落和独特的自然环境。这种新潮的项目吸引着越来越多的年轻游客，增加了当地的旅游业收入。除了大篷车以外，婆罗浮屠还为游客提供住宿服务，远道而来的游客可以选择在此多停留几天，享受这里特别的吃穿住行。食物从来都是一个地方的鲜明特色，居住在此不仅可以享受各种各样特色的热带水果，还可以和朋友家人一起，在干净的草坪上享受放松的烧烤时光，穿上当地的传统服装，零距离地感受当地的传统文化。除了这些以外，还有婆罗浮屠的文化盛宴等待着游客，绝美的舞蹈表演带领游客领略当地特色文化，舞蹈演员用他们美妙的舞蹈演绎着婆罗浮屠的神话传说，如同讲故事一般娓娓道来。值得一提的是，随着不断的开发，这个景点也与汽车品牌达成了合作，游客来到这里可以乘坐品牌汽车，游览附近的村庄，去真实地感受当地人的生活，体验风土民情，欣赏美丽如画的风景，呼吸新鲜空气的同时，感受当地独具一格的民居建筑。来到印尼便不能错过婆罗浮屠的日出日落，想看日出日落的游客可以选择居住在指定的酒店。早上，游客可以通过指定酒店在早于规定开放时间，4:30 之前进入园区，观看日出，晚上，游客可延长至 18:15 观看日落，还可以享用酒店提供的茶水点心。通过这样的方式，既为游客提供了便利，让游客有机会体验不一样的婆罗浮屠，也促进了当地的经济收入，留住游客才有可能让婆罗浮屠塔创造更大的价值。尽管很多地方都有漂流项目，可婆罗浮屠的漂流一定是最独特的。众所周知，印度尼西亚地处热带地区，是典型的热带雨林气候，婆罗浮屠地区又有许多小山丘，自然就少不了适合漂流的河流，能够在婆罗浮屠体验漂流的快乐，一定会使这次旅行更加多姿多彩。

这便是婆罗浮屠多姿多彩的体验了，既有传统的游览项目，又有新奇的娱乐玩法，相互结合，相辅相成，才成就了今天的婆罗浮屠。如今的婆罗浮屠地区每年都会迎接大量的游客前来游览，各种各样精彩的项目可以满足游客不同的需求，也为当地带来了更大的经济效益，促进了经济的发展，提高了人民的生活水平。

六、文化传承与社区发展

文化是一个地区的精神所在，文化的传承使人们看见过去并憧憬未来。纯粹的景观相比于历史遗迹来说，少了一丝厚重与沉稳，少了些许内涵和底蕴。在婆罗浮屠塔管理与开发的初始，人们事实上也没有给予这座古老塔庙的文化足够的关注，而是更倾向于把它看做历史遗迹。随着时间的推移，管理人员最终认识到了历史景点对于文化传承的重要性。历史文化让一个景点更具吸引力，当人们来到没有历史文化的景点时，人们匆匆看过便遗忘了这个景点，而景点蕴藏着历史文化时，人们在看到宏伟建筑的同时，想象着历史上在这里发生过的文化活动，身临其境的氛围深深地刻在游客的心中，让人们流连忘返，真正发挥历史文化对旅游发展的促进作用。可以说，文化传承与旅游发展是相辅相成，相得益彰的。影响旅游发展的因素有很多，其中历史文化传承发挥着非常重要的作用，它是旅游发展的坚强后盾和基石，是旅游发展取之不尽、用之不竭的精神动力。历史文化的深厚底蕴使得旅游发展拥有无穷的魅力。反过来，旅游发展又会促进历史文化的传承，旅游景点是人们看得见摸得着的文化传承载体，它以具体生动的形象向人们展示历史文化的丰富多彩，给人们感官上的多重刺激，让人们对所见所闻印象深刻，真正达到传播历史文化的目的。可以说，历史文化遗迹是历史文化的传播和传承最好的途径和方式，人们常说"读万卷书不如行万里路"，文化传承也是如此，相比于在书本上阅读历史文化，不如身临其境地亲自感受一下。

旅游业的发展对社区发展有着重要的贡献。婆罗浮屠地区的旅游发展对当地社区的发展也有着重大的意义。如前文所提到的，在婆罗浮屠塔的管理和发展之初，政府的管理模式并没有使婆罗浮屠景观遗址的保护和发展与当地居民的生活水平提高结合在一起，这是管理模式上的缺陷。在婆罗浮屠旅游业发展的后期，人们逐渐意识到了这个问题，那么婆罗浮屠地区旅游业的发展究竟是如何促进当地社区发展的呢？婆罗浮屠基础设施的投入与建设不仅为游客提供了便利，也改善了当地居民的生活环境。当地居民可以通过自己村落的风俗特点吸引游客前去参观，也可以向游客出售一些当地的手工特产，例如特色服装和美食，也可以表演民族特色节目和活动，让顾客体验丰富多彩的异国风采。通过这样的方式和手段，增加了当地居民的收入，扩宽了与外界联系的渠道，让当地居民真正受益于婆罗浮屠旅游景区的发展，促进了社区的发展。如今，婆罗浮屠地区居民的生活水平不断提高，这得益于婆罗浮屠景区的发展和管理。在开发和保护像婆罗浮屠塔这样的景点时，我们不应该仅仅注意到景点本身，更应该意识到这些景点的社会责任，如何通过旅游业的发展更好地促进居民社区的发展，是当今人们思考的重大问题。

七、在可持续发展的道路上稳步前进

　　旅游景区的可持续发展成为了当前热议的话题。而对婆罗浮屠塔来说，这座古老塔庙的保护和发展本身就带有可持续发展的意义。在婆罗浮屠塔修复和开发之前，婆罗浮屠地区只不过是印度尼西亚一个小小的并不多么发达的地区，正是因为旅游业的发展，才促进了当地社区的可持续发展。

　　为了实现婆罗浮屠地区的可持续发展，第一，要在协调资源的情况下，合理地规划旅游资源。做到合理地开发和保护旅游景区，既要满足人们日益增长的旅游娱乐需求，又要保护当地居民的实际利益，同时要保证子孙后代仍有公平使用旅游资源的权利，保障未来旅游业持续发展的可能。第二，要不断促进婆罗浮屠地区经济的发展，不断通过政策调整吸引游客，为婆罗浮屠地区带来持续的经济收益。只有实现经济的持续稳定增长，才能为旅游业的持续发展提供条件。第三，在可持续发展的道路上要坚持科学发展。景区的保护、开发和管理必须建立在科学的基础之上，实现环境保护能力与旅游业发展能力的协调统一。第四，发展婆罗浮屠地区的旅游业需要坚持循环利用的原则，尽可能地使用环保材料，减少对当地的环境污染，做到健康发展。第五，当地政府应尽可能地保障婆罗浮屠地区的稳定与安全，安全是一个地区可持续发展的前提，只有旅游景点的安全得到保障才能源源不断地吸引世界各地的游客。第六，要发现并抓住当地特色，发展特色旅游和特色经济。婆罗浮屠地区有许多不同的村落，每个村落有自己特殊的文化和活动，要把这些无形的特点转化为有形的商品，并通过婆罗浮屠塔与周围地区的协调发展将这些能够带来经济效益的商品推销给顾客。

　　事实上，在可持续发展方面，婆罗浮屠旅游景区走出的最成功的一步就是扩大婆罗浮屠塔的管理范围，即由原来的仅仅由政府管理婆罗浮屠塔转变为允许婆罗浮屠地区的当地居民参加景区的开发、保护与管理。由于这一决策的转变，当地政府为提高当地居民的文化水平，为居民们开办讲习班，以此推动婆罗浮屠旅游景区的管理。在旅游业稳步可持续发展的同时，政府也未放弃当地的农业的发展。

　　婆罗浮屠地区旅游业的可持续发展不能仅仅靠政府或个人的力量，也无法靠任何政策和决定来独立的实现，而是要靠所有的力量结合起来，真正认识到可持续发展在旅游业发展中的重要意义，以此推动婆罗浮屠地区旅游业的可持续发展。

八、总结

本文从七个方面浅显地对婆罗浮屠塔进行了简要的介绍，通读全篇我们可以看到，如今我们看到的任何伟大和成功的旅游景点都不是一朝一夕建成的，期间凝聚着几代人甚至十几代人艰苦卓绝的辛劳和汗水。仔细体悟，你可以感受到建造婆罗浮屠塔是人们的伟大的意志和不息的动力，这种动力不仅仅是来自于宗教，更是那时的人们为了传承自己的文化和文明而作出的努力，那时候的人们可能因为传承文明的材料和途径有限，只有这样宏伟的建筑才能经历起时间的冲刷，抱着对宗教的信仰和传承文明的责任倾注心血建成了举世无双的婆罗浮屠塔。可人们又怎知自然的力量！数年的侵蚀和破坏，婆罗浮屠塔早已不是原状。可自然又怎知人类的智慧与不屈不挠！经过几代人不遗余力地保护和修复，婆罗浮屠塔最终重现生机，在保护和开发的过程中慢慢地被越来越多的人认识与熟知。困难总是一重又一重，在管理和开发的过程中，婆罗浮屠塔又遇到了许许多多新的问题，智慧的人们学会了在实践中发展，在发展中实践，经过不断地发展与实践，最终找到了适合婆罗浮屠地区的保护、开发与管理的模式，一种全民参与的管理模式，通过不断地与时俱进、紧跟主流，婆罗浮屠塔如今重现生机并光彩照人，越来越多的人前去体验当地的特色旅游，通过旅游业的发展促进了当地的经济发展，提高了当地居民的收入水平，改善了人们的生活，实现了真正的合作共赢。

作为印度尼西亚成功的国家公园案例，婆罗浮屠塔在开发、保护、发展和管理方面积累下许多成功的经验，希望可以给我们提供有用的经验和借鉴。作为同样的人口大国，笔者认为本案例中最值得借鉴的是由政府单独管理向民众参与管理这一伟大的转变。但我们需要认识到的是，每个国家国情不同，任何成功的经验和方式都不能照搬照抄，要真正的与本国实际情况相结合，制定出适合的政策或模式。同时，我们不仅仅要感谢这样成功的案例提供给我们可以借鉴的经验，也要感谢婆罗浮屠塔带来的艺术享受和文化熏陶，尽管不是所有人都信仰佛教，可对文化和文明的向往与渴望确是相同的。我们看到的是一座座屹立不倒的文化丰碑，是历经风雨洗刷传承下来的人类文明，是遭受重创时的八方支援携手重建，也是实践与发展联手共进的人类智慧。对于婆罗浮屠塔所蕴涵的智慧与发现肯定有更多的内容本篇未曾涉及，还需要进一步的研究与发现，对于这样的历史古迹，有取之不尽用之不竭的内容可供我们学习和借鉴。

|| 后　记 ||

　　国家文化公园（National Cultural Park）概念是中国保护遗产特别是文化遗产的创举，国外一般只有国家公园的概念。主要以保护自然遗产为主，但也有不少国家公园属于自然与文化遗产融合。美国的国家公园体系（National Park System）实质上包括了文化遗产，如国家战场、国家战场公园、国家战场遗址、国家军事公园、国家历史公园、国家历史遗址、国际历史遗址、国家纪念地、国家遗迹等与国家公园、国家风景道、国家保护地、国家保护区、国家娱乐区、国家湖滨、国家河流、国家野生与风景河流与河道、国家风景步道、国家海滨等并列。一般国外的国家公园主要是指国家自然公园。

　　建设国家文化公园，是国家《"十三五"时期文化发展改革规划纲要》《国民经济和社会发展第十三个五年规划纲要》确定的国家重大文化工程。是深入贯彻落实习近平总书记关于发掘好、利用好丰富文物和文化资源，推动中华优秀传统文化创新性转化、创新性发展、传承革命文化、发展先进文化，让文物说话、让历史说话、让文化说话，提高国家文化软实力等一系列重要指示精神的重要举措。

　　国家文化公园既是继承与弘扬中华文化的重要载体，也是展现新时期文化自信的重要渠道。它作为精神文明基础设施建设工程，一方面具有满足人民群众精神文化需求的社会效益，一方面也具有带动周边地区相关产业发展的经济效益，可以同时从物质和精神两个方面提升人民群众的生活水平。国家文化公园的建设目前正处于起步阶段，其管理和运营涉及中央与地方政府、企业与建设单位以及社区与居民，如何协调利益相关者的关系，如何建成可持续发展的服务和管理型国家文化公园，成为学界主要探讨的问题和研究方向。

　　我国自建设三江源国家公园体制试点，到印发《长城、大运河、长征国家文化公园建设方案》，不断探索建设国家文化公园道路。着眼国际，许多举世闻名的自然或者文化国家公园被联合国教科文组织列为世界遗产，它们的建设管理经验对于中国的国家文化公园建设具有很大的借鉴意义。本案例汇编包括智利拉帕努伊国家公园、日本奈良文化公园、德国巴伐利亚森林国家公园、南非克鲁格国家公园、印度尼西亚婆罗浮屠塔国家公园、韩国庆州国立公园、泰国暹罗古城公园、土耳其格雷梅国家公园、澳大利亚乌鲁汝 - 卡塔曲塔国家公园、意大利五渔村国家公园这十个分布于亚非欧拉大洋洲五个洲的国家公园，旨在整理归纳分析世界范围内优秀国家公园值得借鉴的开发和管理经验，将先进的公园管理模式和可持续发展方式总结为可供大多数国家或地区借鉴的通用范式，同时也为我国建成国家文化公园建言献策。

本书为北京第二外国语学院中国文化和旅游产业研究院集体合作的结晶。北京第二外国学院中国文化和旅游产业研究院院长邹统钎教授负责本案例的组织、框架设计、总统稿，北京第二外国语学院经济学院国际商务等专业硕士研究生参与了本案例的编写工作。陈歆瑜与陈欣同学负责协调与全书的文字统稿工作。具体写作分工为：第一章：陈歆瑜；第二章：袁畅；第三章：任俊朋；第四章：张景宜；第五章：蔺天祺；第六章：陈欣；第七章：许桢莹；第八章：衣帆；第九章：廖麟玉；第十章：陈子明。

本书出版得到了旅游管理北京市高精尖学科建设经费的资助，且为国家社科基金艺术学重大项目科研成果。于此衷心感谢旅游教育出版社赖春梅的精心编辑与大力支持。

邹统钎

2019 年 12 月草稿于丝绸之路国际旅游大学（撒马尔罕）

2020 年 1 月 20 日（大寒）定稿于北京市朝阳区定福景园

策　　划：赖春梅

责任编辑：赖春梅

图书在版编目（CIP）数据

国家（文化）公园管理经典案例研究／邹统钎主编
．－－北京 ：旅游教育出版社，2020.8
　ISBN 978-7-5637-4136-6

　Ⅰ．①国… Ⅱ．①邹… Ⅲ．①国家公园－管理－案例
－世界 Ⅳ．①S759.991

中国版本图书馆CIP数据核字（2020）第142759号

国家（文化）公园管理经典案例研究

邹统钎　主编

出版单位	旅游教育出版社
地　　址	北京市朝阳区定福庄南里 1 号
邮　　编	100024
发行电话	（010）65778403 65728372 65767462（传真）
本社网址	www.tepcb.com
E-mai	tepfx@163.com
排版单位	北京卡古鸟艺术设计有限责任公司
印刷单位	天津雅泽印刷有限公司
经销单位	新华书店
开　　本	710 毫米 ×1000 毫米　1/16
印　　张	13.75
字　　数	184 千字
版　　次	2020 年 8 月第 1 版
印　　次	2020 年 8 月第 1 次印刷
定　　价	66.00 元

（图书如有装订差错请与发行部联系）